たまご大事典

【三訂版】

「たまご」は、どこの家庭でもいつも冷蔵庫にある、とても身近な食材です。

しかし、その「流通形態」や「価格決定」の仕組みなど、一般の方に知られていないことがたくさんあります。

「黄身の色で栄養価が違うのか」「有精卵は栄養価が高いのか」「どうしてたまご型をしているのか」など、たまご自体に関するものや生産農場 (養鶏場)による鶏 (ニワトリ)の飼育方法の違い、たまごの加工品にはどのようなものがあるのか、など本書では「たまご」(鶏卵)に関わる興味深い事柄について、詳細に解説しています。

ご存知のように、「たまご」の価格は、ここ30年以上ほとんど変わっていません。そのため、「物価の優等生」とまで言われています。

なぜ、「たまご」が物価の優等生であり続けられるのかというと、その理由として、「生産方法の変化による大規模養鶏の発達」や「鶏の品種改良による生産性の向上」などが挙げられます。

採卵用の鶏は、通常は「ケージ」(cage)と呼ばれるカゴの中で飼われていますが、近年では昔の飼育方法であった「放し飼い」を採用し、これを宣伝文句に謳った、いわゆる「ブランド卵」も数多く登場しています。

このような「ブランド卵」は、なぜ生まれたのか、どのような特徴があるのかなどについても解説しています。

身近な食材の「たまご」ですが、料理の本を除くと「たまご」に関する本は意外に少ないのが現状です。

このため、本書では、「たまご」に関する一般消費者の方の「なぜ、どうして」から、養鶏/鶏卵業界の方に必要な知識まで、多岐に渡って記述しています。

消費者にとって、「美味しく、栄養豊富で、安価」という三拍子揃った身近な食材である「たまご」を見つめ直し、読んだ方に「そうだったのか」という新たな発見

をしてもらうため、また、楽しみながら読んで「『たまご』に関する知識」が自然に身につくような「大事典」を目指して執筆しました。

さあ、この楽しい「たまごワールド」へ、どうぞご入場ください。

三訂版の改訂にあたって

本書「たまご大事典」は、2014年（平成26年）初版を発行し、2015年に改訂版を、2020年に最新情報などを追加した「二訂版」を発行しました。
近年は、鳥インフルエンザの発生による鶏卵価格の高騰や品不足により、消費者をはじめ食品業界などでも「たまご」に関心が集まっています。

このため、鶏卵価格や鳥インフルエンザの発生状況などの統計データの最新化、新たな情報の追加を行い、「三訂版」を発行する運びとなりました。

*

「たまごかけご飯」など、「たまご」の生食を食文化としている日本は、「たまご」の品質では世界一です。

「栄養豊富、美味しい、安価」と三拍子そろった「たまご」を、日本の「養鶏／鶏卵」業界の発展や消費する方々の健康のためにも、もっと食べていただきたいと思っています。

本書がその一役にお役に立てましたら幸いです。

ホームページ「たまご博物館」　高木 伸一

【ご案内】

本書はインターネット上の仮想博物館である、ホームページ「たまご博物館」と連動しています。

各コーナーの随所に記載しているURL（インターネット上のアドレス）を、パソコンから入力すれば、該当の「たまご博物館」ページにアクセスできます。

より詳細な情報を見ることができます。ぜひ、利用してください。

たまご大事典
［三訂版］

CONTENTS

CONTENTS

CONTENTS

第1章

生物学コーナー

この「生物学コーナー」では、「生物学的」な見地から「たまご」を見ていきます。
温めるだけで、新たな生命（ヒヨコ）が誕生する「たまご」は、とても神秘的な存在です。
(http://takakis.la.coocan.jp/seibutu.htm)

1-1 生命のカプセル「たまご」の構造

　家庭の冷蔵庫にいつもあり、毎日のように目にしている「たまご」ですが、「たまご」の構造がどのようになっているか、ご存知でしょうか。

　ここでは、「たまご」の「構造」や「各部分の役割」などについて見ていきましょう。

＊

　「たまご」の構造は、「卵殻（カラ）」「卵殻膜（カラの内側にある薄皮）」「卵白（白身）」「卵黄（黄身）」から成り、その割合は、「約1：6：3」となっています。

　では、それぞれの部分について説明していきます。

＊

　硬いカラである「卵殻」は、「たまご」の内部を保護する役目をしており、「約94％」が「炭酸カルシウム」で出来ています。

　厚さ「0.26〜0.38mm」の「多孔質」（穴がたくさんあいているもの）で、その小さな穴のことを、「気孔」と呼んでいます。

　この「気孔」は、

　　　直径：「約10〜30μm」（1μm＝0.000001m）
　　　数：1個の「たまご」に「7,000〜17,000」

となっています。

　この「気孔」を通して「胚」（ヒヨコになる部分）の呼吸に必要な「酸素」を取り入れ、内部で発生した「炭酸ガス」（二酸化炭素）を排出しているのです。

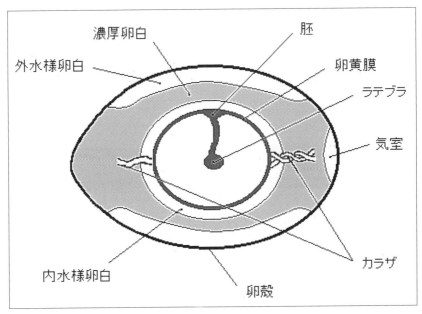

図1-1 「たまご」の構造図

＊

　昔から、「新鮮な『たまご』の表面はザラザラしている」と言われているのは、「卵殻」(カラ)の表面が、「クチクラ」という薄い膜で覆われているためです。

　この「クチクラ層」(厚さは約10μm)は、「たまご」が産み落とされる直前に分泌されて、「カラ」の表面を覆います。

　養鶏場で産卵の様子を見ていると、産卵直後の「たまご」は濡れたように光っていて、みるみるうちに乾いていきます。

　この「クチクラ層」は、「たまご」の内部に細菌などの「微生物」が侵入するのを防ぐ役目をしています。

　しかし、「養鶏場」の「直売店」などの一部を除き、最近、売られている「たまご」のほとんどは、「洗卵」(「たまごのカラ」を洗うこと)されているため、この防護壁とも言うべき「クチクラ層」まで洗い流してしまっています。

　「養鶏場」で集められた「たまご」は、「鶏のフン」や「羽毛」などで汚れているものがあり、それを落とすために「洗卵」されているのです。

　しかし、日本では、「たまご」が日配品として、毎日のように新鮮なものが店頭に並んでいるので、「洗卵」による鮮度低下はほとんどありません。

1-2　「たまご」の構成要素

　「卵白」は、「カラザ」「外水様卵白」「濃厚卵白」「内水様卵白」から成り、「約89%」が「水分」で、残りは「蛋白質」(タンパク質)で出来ています。

　構成割合は、「外水様卵白」が「25%」、「濃厚卵白」が「50〜60%」、「内水様卵白」と「カラザ」が「15〜25%」となっています。

　しかし、この割合は、産卵後の「日数の経過」に伴って、若干変化していきます。

　「濃厚卵白」は、「たまご」を割ったときに「黄身」のまわりにある、こんもりと盛り上がった「白身」部分のこと。「水様卵白」は、水っぽくて盛り上がりのない「白身」のことです。

　「卵黄」は、「ラテブラ」「胚 (胚盤とも言う)」「淡色卵黄層」「濃色卵黄層」「卵黄膜」から成り、「水分」が「約49.5%」で、あとは「脂質」や「蛋白質 (タンパク質)」で出来ています。

＊

　あまり知られていませんが、「卵黄」は、単一の同質な「球状」ではなく、「濃色卵黄」と「淡色卵黄」が交互に「同心円状」(同心球状)になった、複数の層から成っています。

　つまり、「色の薄い黄身」と「色の濃い黄身」が、交互に層を形成しているの

です。

　新鮮な「たまご」の「卵黄膜」ほど、強くて張りがあるので、こんもりと「黄身」が盛り上がっています。

　しかし、時間の経過に従い、「気孔」を通して「たまご」内部の「水分」が、「蒸散」(蒸発)していきます。

　まず、「卵白の水分」が蒸散し、次に「卵黄の水分」が「卵白」に移動していきます。

　その結果、「卵黄」は、空気の少なくなった風船のように、表面にシワが出来ることがあるのです。

　これは、新鮮な「たまご」を見分けるときの、一要素になります。

＊

　「卵殻」(カラ)の内側に「卵殻膜」(うす皮)があるのは、ご存知のことと思います。

　しかし、実は、この「うす皮」が「2枚」あることは、あまり知られていません。

　「卵殻膜」は、「外卵殻膜」と「内卵殻膜」の2層から成っているのです。

　新鮮な「たまご」を茹でたときに、「うす皮」が剥けにくいことがあります。これは、「白身」の側にある「内卵殻膜」が、「白身」の表面にくっ付いてしまうからです。

　「外卵殻膜」と「内卵殻膜」ともに、「卵殻」に密着していますが、「鈍端」(「たまご」の丸いほう)においては、離れて空間をつくっており、この部分を「気室」と呼んでいます。

　「気室」は、産卵直後ではほとんど見られませんが、時間の経過とともに大きくなっていきます。これは、「気孔」を通して、「『たまご』内部の水分」が蒸散(蒸発)していくためです。

　このため、この「気室の大きさ」から、「鮮度」を判断することも可能です。

　食塩水に「たまご」を浸けて、「浮き沈みの状態」から「鮮度」を判断する方法も、時間経過による「気室の拡大」を利用したものです。

　また、図1-1を見ると、「濃厚卵白」が「卵殻膜」に直接触れている部分があり
ますが、ここは「卵白結合部」と呼ばれています。
　新鮮な「たまご」は、この部分がくっ付いているため、「たまご」を割ったときに
「卵白」が「カラ」から取れにくいのです。

＊

　「たまご」を割ったときに、"ねじれた白い紐状のもの"が「卵黄」にくっ付いて
いますが、これは「カラザ」と呼ばれている部分です。
　「カラザ」は、「卵黄」を「たまご」の中央に固定する、重要な役目をしています。
　「卵黄」を"ハンモック"のようにして、真ん中に吊り下げているのです。
　これによって、「卵黄」の周りを「卵白」が包み込んで、「卵白」に含まれている
「リゾチーム」によって、外部からの「細菌」の侵入を防いでいるのです。

　「卵黄」のいちばん外側にある薄い膜を「カラザ層」と言い、これが"ハンモッ
ク"の「網」の部分にあたります。
　ひも状の「カラザ」は、"ハンモック"の「ひも」の部分になるわけで、「鈍端
部」（「たまご」の丸いほう）は、2本の「カラザ」が左巻きにねじれて糸状になり、
「鋭端部」（「たまご」の尖ったほう）では1本が右巻きにねじれています。
　この「ねじれ」によって、「たまご」を動かしても、「卵黄」の表面にある「胚」が
常に上を向くように、「卵黄」自体が回転するのです。
　「胚」が常に上を向くのは、「卵黄」のうち、その部分の比重が軽いためです
が、これは、「たまご」が「親鶏」に温められて「ヒヨコ」になるメカニズムの中でも、
重要なものと考えられています。

　「カラザ」の成分は、主に「タンパク質」であり、「シアル酸」という抗がん物質
も含まれていると言われています。
　「生たまご」を食べるときに、わざわざ取り除いている人もいるようですが、栄
養的にはそのまま食べたほうがいいのです。

【*注記】
　「シアル酸」に関する研究論文に、「細胞性免疫の『マスキング：シアル酸』は、『正常細胞』や『がん化細胞』の免疫学的反応を『抑制』している」という記述があります。

＊

　ところで、カタカナ表記である「カラザ」は、日本語ではないのでしょうか。

　ある本に、「カラザ」のことを「殻座」と書いてあるものがありました。

　なかなかいい当て字だと思うのですが、これは間違いです。

　じつは、「カラザ」は英語で、「chalaza」というつづりの名詞です。直訳では「卵帯」で、生物学で用いられる用語です。

　図1-1には表示していませんが、「胚」の入っている部分を「パンデル核」といい、ここから「ラテブラ」に至るまでの部分を「ラテブラの首」と呼んでいます。

　「ラテブラ」は、「白色卵黄」のことであり、「卵黄」のほぼ中央にあります。この部分は、加熱しても固まりにくい性質をもっています。

　「ゆでたまご」を切ったとき、「黄身」の中央部分に「薄黄色の固まっていない部分」がありますが、これが「ラテブラ」です。

　この「白色卵黄」に対して、通常の「卵黄」は「黄色卵黄」という名称で呼ばれています。

1-3　「たまご」の形状について

「たまご」（鶏卵）は、「まん丸」ではなく、いわゆる「たまご型」をしています。どうして、このような形をしているのでしょうか。

「カメ」や「魚」の「たまご」は、「まん丸」です。それらは、「鳥」と違って、地中や水中に「たまご」を産みます。

一方、「鳥類」は、「蛇」などの他の動物に「たまご」を取られないように、昔から高い木の上に巣を作り、「たまご」を産んでいました。

「たまご」は球形に近い形をしているので、高い巣から転がり落ちると、大変です。「まん丸」だとそのまま転がって落ちてしまいますが、「たまご型」だと、転がっても弧を描いて元の位置に戻ってきます。

つまり、"転がっても落ちない"ための形として、「たまご型」になったのではないかと考えられています。

＊

また、「たまご」は、産み落とされる直前に「たまご型」になるのではなく、「鶏」の体内で「卵殻」（カラ）が形成されるときに、すでにこの形になっています。

「たまご」には、「鋭端」（尖ったほう）と「鈍端」（丸いほう）がありますが、通常は、「鋭端」から産み落とされます。

「たまごのカラ」は、「鈍端」よりも「鋭端」のほうが強度があります。

これは、「気孔」の密度が、「鋭端部」のほうが低いためです。

「鶏」の体内の「卵殻腺部」（カラを形成するところ）では、「85～90%」の確率で、「たまご」の「鋭端」が下（出口方向）を向いており、産み落としたときに割れにくい「鋭端」が出口を向いているのではないか、と考えられています。

しかし、「卵管」内を移動するときに、回転して「逆子」（逆向き）になって産み落とされるものもあります。

「卵殻」にある「気孔」は、「卵殻」全体に均一の密度ではなく、「たまご」の「鈍端部」は密度が高く、「鋭端部」は密度が低くなっています。

「ゆでたまご」を作ると、「気室」と言う「へこんだ部分」があるのが確認できます。この「気室」は、「たまご」の「鈍端部」に見られます。

これは、「たまご」内部の水分が蒸散した際に、体積が減少したぶん、外からの空気が「気孔」の密度の高い—つまり、空気の通りやすい「鈍端部」から入ってくるためです。

＊

以上、「たまご」の「構造」と「各部分の役割」について見てきました。

生物の構造や仕組みは、本当に良く出来ていると思いませんか。

1-4　「たまご」を分類してみると

「たまご」(鶏卵)の分類方法は、さまざまありますが、その1つに「卵殻色による分類」があります。

「スーパー」などで売っている「たまご」を見ると、「白いカラの『たまご』」と「カラに色の付いた『有色卵』」とに分類されます。

「鶏卵業界」では、「白いカラの『たまご』」を「白玉」と呼び、「褐色をした『有色卵』」を「赤玉」、「薄褐色をした薄赤玉の『有色卵』」を「ピンク玉」と呼んでいます。

さらに珍しいものでは、南米チリ原産の「アローカナ種」という「鶏」は、「カラ」が「淡い青緑色」をした「たまご」を産みます。

「アローカナ」は、世界でも唯一、「青いたまご」を産む「鶏」ですが、「青い」のは「カラ」だけで、「中身の色」は「普通のたまご」と変わりありません。

　サイズとしては、普通の「たまご」よりは小さめですが、「黄身」の占める量が多いのが特徴です。

　また、「ピンク玉」では、「さくらたまご」のブランドが有名です。
　この「さくらたまご」は、岐阜県にある「後藤孵卵場」が「作出」(開発)した国産の鶏種─「ゴトウ　さくら」が産む「たまご」で、「カラ」がキレイな「桜色」をしていることで、人気があります。

＊

　「赤玉」のほうが「白玉」よりも栄養がある、と思っている方もいますが、両者に栄養の違いはまったくありません。

　また、「白い羽毛の鶏」は「白いたまご」を産み、「茶色い羽毛の鶏」は「褐色のたまご」を産むと思っている方も多いのですが、「『たまご』のカラの色」は「『鶏』の羽毛の色」とも関係はありません。
　たしかに、そのような傾向もありますが、そうでない「鶏種」もいるのです。
　「たまごのカラ」(卵殻)の色の違いは、「鶏種」(鶏の品種)の違いによるものです。

＊

　「赤玉」と「白玉」に栄養の違いはないと言いましたが、ご存知のように「赤玉」のほうが「白玉」よりも、少々値段が高めになっていることがあります。
　これは、以前、「『赤玉』を産む品種の鶏」のほうが「『白玉』を産む鶏」よりもエサをたくさん食べることから、同じ「生産量」(採卵量)に対して「生産コスト」(餌代)が多くかかっていたからです。
　しかし、最近は、「鶏」の品種改良によって、このような差はほとんどなくなっています。
　それよりも、昔からある「白玉」よりも「赤玉」のほうが、なんとなく高級感があり、見た目もおいしそうだと思われているようで、そのため「白玉」よりも若干、価格が高くても売れているようです。

　この消費者感覚は、日本で最初 (1976年に販売開始)の "「赤玉」ブランド卵" である「ヨード卵 光」の影響が、大きいのではないでしょうか。

＊

　また、「たまご」の色として、「黄身 (卵黄)の色」を気にする方もいます。

　「黄身の色」が濃いと「栄養」があると思い込みがちですが、じつは、これは間違いです。

　「唐辛子」や「パプリカ」などを飼料 (エサ)として与えると、濃い黄色の「卵黄」になります。

　つまり、「黄身の色」は、「与える飼料の色」に影響するのです。

　脂に溶けやすい性質をもつ「脂溶性」の色素は、「鶏の餌」から「卵黄」に移行しやすく、たとえば「青い卵黄のたまご」を作ることも可能なのです。

　異なる生産者の「たまご」を割って「卵黄色」を比較してみると、「白っぽい黄色」のものから、「オレンジ色」や「赤色に近い黄色」のものまで、さまざまなものがあります。

　たしかに、色のキレイな「黄身」をした「たまご」は、見た目においしそうですね。

　食べ物の味は、単に「味覚」そのものだけでなく、見た目の「視覚」や臭いの「嗅覚」、食べたときの「食感」などの、複合の感覚が影響しています。

　中でも、とくに「視覚」は、料理の重要なポイントの1つです。

＊

　鶏卵業界で卵黄色を測るの「ものさし」として、「ヨーク・カラー・チャート」(ヨークとは卵黄のこと)というものがあります。

　これは、鶏卵の相場を立てているJA全農たまご (株)が作成したもので、2018年までは全15色でしたが、消費者の好みとともに卵黄色が濃くなる傾向にあることから、2019年のリニューアルでは、濃い色 (カラー16〜18の3色)を追加し、全18色の「ヨーク・カラー・チャート」になりました。

　鶏卵業界内での「卵黄色の規格」とも言えるものです。

　1から18までの数値により、卵黄色を客観的に判定できるもので、大手スーパーなどでは、鶏卵会社にこの数値を指定して納入させているところもあります。

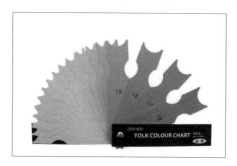

写真1-1　ヨーク・カラー・チャート

　また、鶏卵に関するカラーチャートには、もう1種類あります。

　赤玉（褐色卵）の殻の色のチャートで、「シェルカラー・ファン」（シェルとは殻のこと）というものです。

　採卵鶏のヒナなどを販売している（株）ゲン・コーポレーションが独自に開発したもので、赤玉鶏の卵殻色を測定するカラーチャートです。

　カラーチャートには丸い切り抜きがあり、ここに「たまご」を当てて目視で簡単に卵殻色の色を数値化することができます。

　各プレート（板）の裏には番号が記してあり、一番薄い色（写真の左端）が「1」（ピンク卵）で、一番濃い色（写真の右端）が「10」番となっています。

写真1-2　シェルカラー・ファン

　次に、「たまご」の分類方法として、「有精卵」と「無精卵」があります。

　一般に、「スーパー」などで市販されている「たまご」の大部分は、「ケージ飼い」(「雌鶏」を1羽〜数羽ずつカゴに入れて飼う方法)がほとんどで、この飼育方法で生産されるのは、「無精卵」です。

　これに対して「有精卵」は、「雄鶏」と「雌鶏」を「混飼」(一緒に飼うこと)して生産します。

　「混飼」の場合、通常は、1羽の「雄鶏」に対し、「雌鶏」が10羽くらいの割合で、「平飼い」または「放し飼い」で飼育して、自然交配 (交尾)させます。

　「有精卵」は、「鶏の体温」(約42℃) に近い、「温度」が「38±1℃」、「湿度」が「65±5%」(「孵卵器」の温湿度の例)の条件で21日間温めると、「ヒナ」(ヒヨコ)になる「たまご」です。

　「ヒナ」になることから、「無精卵」よりも栄養的に優れていると思っている人もいるようですが、科学的に分析しても、栄養的な差はほとんど認められません(**表1-1**を参照)。

　しかし、「有精卵」は「放し飼い」や「平飼い」で生産されることから、「鶏」にとってストレスが少ない環境で、のびのびと育てられています。

　このことから、「自然に近い養鶏方法」として、消費者に人気があるのです。

　また、「ケージ飼い」の「鶏」の「たまご」に比べて、「卵殻」が硬いのも、特徴の1つです。

　「養鶏方法」による違いについては、**第4章**の「養鶏学コーナー」で詳しく見ていきます。

　「有精卵」と「無精卵」の「栄養分析例」を、**表1-1**に示します。
(「有精卵」は「平飼い」のもの、「無精卵」は「ケージ飼い」のもの、いずれも「全卵」として分析したもの)

表1-1「有精卵」と「無精卵」の栄養比較

成分（単位）	有精卵	無精卵
水 分（%）	74.3	74.6
脂 肪（%）	11.8	11.6
タンパク質（%）	12.9	12.9
糖 質（%）	0.4	0.4
灰 分（%）	1.0	1.0
カルシウム（mg%）	100	98
鉄（mg%）	6	6
リン（mg%）	770	780
ビタミンA（IU）	1100	1100
ビタミンB1（mg%）	0.14	0.15
ビタミンB2（mg%）	0.06	0.06

1-5　「ブランド卵」とは

近年、「ブランド卵」と呼ばれる、「栄養強化卵」が多く販売されています。

「ブランド卵」は、「鶏卵業界」において、従来から「特殊卵」と呼ばれていた「たまご」です。

ホームページ「たまご博物館」の「特殊卵コーナー」では、私がこれまでに購入して食べた「約1500種類」の「ブランド卵」を、50音順で掲載しています。

私は、「ブランド卵」の定義について、**表1-2**のように、4つに分類できると考えています。

表1-2「ブランド卵」の4つのカテゴリ

①	「鶏卵業界」内で「特殊卵」と呼ばれている、いわゆる「栄養強化卵」（「ヨード卵」「DHA卵」「ビタミン強化卵」など）
②	「鶏」の飼育の仕方（「放し飼い」「有精卵」など）や「エサ」（「自家配合飼料」など）で差別化しているもの
③	「ブランド名称」の付与による差別化（たとえば、インターネット販売をしようとすると、単なる「たまご」ではなく、「○○さんちのたまご」など、名称での差別化が必要）
④	「SE（サルモネラ）対策ずみ」などの、安全性を前面に出して差別化を図ったもの

　表1-2の①の「栄養強化卵」ですが、これは「ヨード卵　光」のように、「たまご」にある種の「栄養素」を強化したもので、通常は「鶏」に与えるエサに、強化したい栄養成分を含むものを配合して生産しています。

　たとえば、「DHA（ドコサヘキサエン酸）強化卵」の場合には、エサに「魚粉」を加えて、「魚粉」に含まれている「DHA」を「たまご」に移行させます。

　「特殊卵」には、「各種ビタミン」「α-リノレイン酸」「β-カロテン」を強化したものなど、さまざまなものが生産、販売されています。

　この「特殊卵」（ブランド卵）に対して、通常の「たまご」は、「一般卵」または「普通卵」と呼ばれています。

1-6　「見た目」での分類

　最後に、「見た目」の形から見た分類をしてみましょう。

*

　ここでは、「初たまご」と「二黄卵」について解説します。

　じつは、この2つには、密接な関係があるのです。

　「鶏」は、「孵化」して4ケ月前後で「たまご」を産みはじめますが、「初たまご」というのは、その産みはじめの「サイズの小さな『たまご』」のことを言います。

　この「初たまご」は、一般にはあまり売られていませんが、「養鶏場」の「直売店」などで見掛けることがあります。

　地方によっては、「お産をする女性に食べさせると安産になる」ということで親しまれています。

*

　「二黄卵」は、文字どおり1個のたまごに「黄身」（卵黄）が2つ入っているものです。

21

　稀に「卵黄」が「3つ」入ったものもあり、これらを「複黄卵」とも呼んでいます。

　「二黄卵」はサイズが大きく、「規格外」（LLサイズを超える）となるため、家庭で消費されるテーブル・エッグの流通過程にのらず、通常は「液卵」として利用されています。

　このため、昔に比べると、最近ではあまり見掛けなくなりました。

　この「二黄卵」も、先の「初たまご」と同様に、「養鶏場」の「直売店」などで、「双子たまご」などの名称で売られています。

　じつは、この「二黄卵」も、「初たまご」と同じく、「たまご」を産みはじめた「若い鶏」が産むのです。

　産卵しはじめた「若いメス鶏」は、まだ産卵のリズムが安定していないため、2回排卵されたものが1つのカラに包まれて出来ることがあります。これが、「二黄卵」です。

　「双子たまご」（二黄卵）の見分け方ですが、「たまご」を産みはじめた「若い鶏」は、「初たまご」のような「小さな『たまご』」を産むのですが、そのような「若い鶏」が「大きな『たまご』」を産んだときには、「二黄卵」である可能性が大きいのです。

　ですから、「養鶏場」の人は、カラを割ってみなくても、一目見て分かるのです。

1-7　「鶏」の一生

　ここでは、「たまご」が、「孵化」してから「成鶏」(大人の「鶏」)になるまでの
過程を、順を追って見ていきましょう。

---

[1]「卵」から「ヒナ」へ(「孵化」の過程)
　① 「受精」した「たまご」を「孵卵器」に入れ、「摂氏38度」くらいで温める
　② 温めはじめて「約18時間」で、「消化器官」が出現する
　③ 「約20時間」経過すると「脊髄」が、「約21時間」で「神経系」が形成される
　④ 「約22時間」で「頭部」が、「約24時間」で「目」が形成される
　⑤ 「約24時間」経過したころに「心臓」が形成され、「約42時間」後には「心臓の鼓動」がはじまる
　⑥ 「孵卵器」に入れて「8日」で、「羽毛」が発生する
　⑦ 「10日」で、「クチバシ」が硬化してくる
　⑧ 「21日」で、自らの力で「カラ」を割り、「ヒナ」の誕生を迎える

[2]「ヒナ」から「成鶏」へ
　① 「孵化」した「ヒナ」(「初生ヒナ」と呼ばれる)は、すぐに餌を食べるわけではなく、「約50時間」は自分の腹部に包み込んでいる「卵黄」を栄養として消化して、エネルギーを補給しながら「消化器官」の発達を待つ
　② 「孵化」後、「48〜50時間」くらいで、初めて「餌」を食べはじめる
　③ 「ヒナ」の成長につれて、「幼雛期」「中雛期」「大雛期」と呼ばれる時期を経る
　④ 「孵化」から「約4ケ月」を経過すると、「成鶏」となる
　⑤ 「4ケ月」くらいから「たまご」を産みはじめるが、このころの「たまご」を「初たまご」という

[3] 産卵期（採卵期）

① 「たまご」を産みはじめてから、「養鶏場」では「約1年6ケ月」ほどの間、「たまご」を産ませる

② 「養鶏場」の「鶏」の一生は、「誕生」してから「約2年」という短い期間で幕を閉じ、「最終処分業者」が引き取る

　　（「鶏」の寿命は、実際には「15年」くらいですが、通常、「採卵用」としては、「エサ」の量に対する「採卵量」や、産まれる「たまごの質」の観点から、「生後2年」までの「若い鶏」が用いられる）

[4] 淘汰

① 「採卵期間」を終えた「鶏」を、「最終処分業者」が引き取ることを、「淘汰する」といい、「処分される鶏」を「淘汰鶏」と呼ぶ

② この「淘汰鶏」の「肉」は、「ソーセージ」に混入されるなどの「食肉用」や「ペットフード」などの加工品の原料となる（一部は「親鶏」として、食用になる）

＊

　「鶏」が「孵化」してから「淘汰」されるまでには、いくつかの専門の業者が介在しています。

　通常は、

① 種卵業者

…「種卵」（採卵用のヒナとなる「たまご」）を「種鶏」から採る

② 孵化業者

…「たまご」を「ヒナ」に孵す

③ 育すう業者

…「ヒナ」を「産卵直前の成鶏」まで育てる

④ 採卵業者

…「産卵期」に「たまご」を産ませる

⑤ 最終処分業者

… 「淘汰鶏」を扱う

となります。

*

　「育すう」とは「育雛」と書き、「ヒナ」を育てることを言います。

　また、「孵化業者」は、「孵卵業者」とも言います（「孵化」と「孵卵」は同義
語で、「たまごを孵すこと」です）。

写真1-3 「大型孵卵機」（ハッチャー）と「ヒヨコ」

*

　次に、「鶏」の「品種」をどのように管理しているか、簡単に紹介します。

　遠縁の両親を掛け合わせた「雑種（hybrid：ハイブリッド）一代目」の子供が、
両親よりも優秀な性質をもつことを、「雑種強勢」（hybrid vigor）と言います。

　この自然界の法則を発見したのが、「メンデルの法則」で有名な科学者、メン
デルです。

　「雑種一代目」のことを、欧米では「hybrid：ハイブリッド」、わが国では「F1：
一代雑種」と呼んでいます。

　「一代雑種」であるため、「二代目」(孫の鶏)は、「近交弱勢」となります。「近交弱勢」とは、「『近親交配』を繰り返すと『劣性』の遺伝が強くなる」という意味です。

　このため、「孫の鶏」は使えません。

　「養鶏場」で通常飼われている「鶏」(コマーシャル鶏：実用鶏)は、この「一代雑種」なので、「養鶏場」では、毎回、「孵卵場」や「孵化場」から、新たな「ヒヨコ」を購入する必要があるのです。

1-8　「鶏」の「からだ」の秘密

　あのキレイな「たまご型」を製造する「鶏」の「からだ」は、どのような仕組みになっているのでしょうか。

　ここでは、「鶏」の体内の「たまご製造機」とも言える、「生殖器」の部分を見ていきましょう。

　写真1-4に、「雌鶏」の「生殖器」を示します。

　「雌鶏」の「生殖器」は、「たまご」の形成過程の順に言うと、「卵巣」「漏斗部」「膨大部」「狭部」「卵殻腺部 (子宮部〜膣部)」「総排泄腔」という部分から成っています (写真1-4を参照)。

　「産卵中の鶏」の腹部には、「『ぶどうの房』のような『卵巣』」と「白い『卵管』」が、「左側」にあります (「鶏」の体内の「右側」にある、「卵巣」および「卵管」は、退化している)。

　「卵巣」には、肉眼で見ても「約2,500個」、顕微鏡を使って見ると「約10,000個」もの「たまご」が確認できます。

　これら「卵巣」内の未成熟の「卵胞」に、「肝臓」から栄養物質が運び込まれ、「7〜9日」かけて次第に大きくなっていきます。

　そして、「卵胞」が成熟すると、順次、「卵管」へ「排卵」されます（このときは「卵黄」のみの状態）。

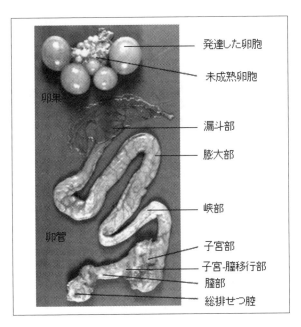

発達した卵胞

未成熟卵胞

漏斗部

膨大部

峡部

子宮部
子宮-膣移行部
膣部
総排せつ腔

卵巣

卵管

写真1-4 「雌鶏」（産卵鶏）の「生殖器」

　「卵管」内では、

[1] 「卵黄」に「卵白」がくるまる
[2] 「卵殻膜」（うす皮）が出来る
[3] 石灰質の沈着によって、「卵殻」（カラ）が形成される

となり、体外へ「放卵」（産卵）されるのです。

　「たまご」は、「輸卵管」内を「約24〜25時間」かけて通過します。
　ですから、「鶏」は、1日に1個以上の「たまご」を産むことはありません。

また、「鶏」は、夜間には「産卵」しないことが知られていて、「産卵」の周期上、夜間の時間帯になったものは、翌日の朝に持ち越されます。

「鶏」は、“ある日数の間は毎日連続して「たまご」を産み、1日休産する”というパターンを繰り返します。
これを、「鶏」の「連産」と呼んでいます。

1-9　「たまご」はどのようにして出来るのか

ここで、もう少し詳細に、「たまごの形成過程」を見ていきましょう。

「たまごの形成過程」は、
[1]「卵胞」の成長（卵黄形成）
[2] 排卵
[3]「卵白」の分泌
[4]「卵殻」の形成
という順に行なわれます。

＊

「鶏」を含め、多くの鳥類の「卵巣」「卵管（輪卵管とも呼ぶ）」は、左側だけが発達し、右側は退化していて、痕跡を残すのみですが、そのようになっている理由は未だに不明とされています。

＊

「産卵中の鶏」の腹部には、「『ぶどうの房』のような形をした『卵巣』」と「白い『卵管』」が、左の部分にあります。
「卵巣」は、「性細胞」を中心とした「細胞のかたまり」である、「卵胞」の集合体です。「卵胞」中の「性細胞」は、分裂して「卵母細胞」となり、さらにそれが、

「分裂」「成熟」して、「卵黄」を蓄積し、「卵子」となります。

　先にも説明しましたが、「卵巣」には、肉眼で「約2,500個」くらい、顕微鏡で見ると、「約10,000個」もの「卵」(「卵黄」の素)を確認できます。

　「卵巣」中の「卵子」は、発達して大きくなると、「卵巣」の表面に突き出されてきます。

　「卵子」は、「卵胞」と「卵巣」の細胞から出来ている薄い膜に覆われているのですが、成熟すると、この膜が破れて「排出」されます。

　これが、「排卵」と言われるものです。

　「卵巣」中の「卵胞」は、「肝臓」から栄養物質を取り込み、「7～9日」かけて次第に大きく成長していき、成熟すると、順に「卵管」へ「排卵」されますが、このときはまだ、「卵黄」のみの状態です。

＊

　「鶏」の「排卵」や「産卵」には、「光」が重要な働きをしています。

　「光線」(一般には「太陽光線」)の刺激によって、「性腺刺激ホルモン」の生成や分泌は促進されます。

　分泌される「性腺刺激ホルモン」のうち、「卵胞刺激ホルモン」は常時生産されて「卵胞」の成長を促し、「黄体形成ホルモン」は周期的に分泌され、分泌後「約7時間」で「排卵」が行なわれます。

　「排卵」された「卵」(卵黄)は、先にも説明したように、「輸卵管」内で、

[1]「卵黄」に「卵白」がくるまる

[2]「卵殻膜」(うす皮)が出来る

[3]石灰質の沈着によって、「卵殻」(カラ)が形成される

となり、完全な「たまご」となって、産卵されます。

＊

　「卵」(卵黄)が「輸卵管」の「漏斗部」(「輸卵管」の「卵巣」にいちばん近く、「漏斗」の形に似ている部分)を通過するときは「卵黄」だけなのですが、

「膨大部」（「輪卵管」の中ほどにある、膨らんだ部分）を通過する間に、「卵白」がこの部分から分泌されます。

　このため、「膨大部」は、「卵白分泌部」とも呼ばれています。

　「卵白」の主成分である「タンパク質」は、「膨大部」にある「腺細胞」に蓄積されていて、ここから分泌されます。

　このとき、「水分」および「リン酸塩」などの、「無機成分」も添加されます。

　さらに、「狭部」（「輪卵管」の最後のほうで狭い部分）において、「卵殻膜」（うす皮）が形成されます。

　その後、「卵殻腺部」（「輪卵管」の最終の部分で、「子宮部」とも呼ばれる）において、「卵殻」（カラ）が形成され、「放卵」（産卵のこと）されます。

　「漏斗部」から「卵殻腺部」を通って「放卵」されるまでの時間は、「鶏」の個体差もありますが、「約24〜25時間」くらいです。

　ですから、「鶏」は、どんなに頑張っても、1日に1個しか「たまご」を産むことができないのです。

1-10 「卵殻」（カラ）の形成

「卵殻」（カラ）は、「卵殻腺部」（「子宮部」とも言う）で形成されます。

　有機質の網状組織に「カルシウム」が沈着して出来るのですが、「卵殻」の形成に使われる「カルシウム」は、主として「飼料」（エサ）から吸収されたものです。

　もしも、「飼料」中の「カルシウム」が不足すると、「鶏」の「骨組織」中に貯蔵されている「カルシウム」が、「卵殻」の形成に加わって、「カラ」を作ります（「骨組織」中には、「たまご約6個ぶん」の「カルシウム」が貯蔵されている）。

　「卵殻」形成時に沈着する「カルシウム」は、大部分が「炭酸カルシウム」であり、「飼料」中の「カルシウム」が不足すると「卵殻」が薄くなることが、知られています。

　「卵殻」は、「たまご」の内容物を保護する"シェルター"です。

　輸送中の割れを防ぐためにも、「飼料」中に「カルシウム」の素となる粉砕した「カキガラ」などを加えています。

　「鶏」の飼料中の「カルシウム」の吸収利用（「エサ」として食べてから、「カラ」に利用されるまで）はきわめて速く、実験によると、「カルシウム」を与えた後、15分後には、早くもその一部が「卵殻」に認められた、という報告があります。

　一般に、「午前中に産卵された『たまご』」よりも、「午後に産卵された『たまご』」のほうが、「卵殻」（カラ）の強度が強い傾向にあります。

　これは、午前中に摂取された「飼料中のカルシウム」が、午後に産卵した「たまごの卵殻」に利用されるため、と考えられています。

　このように、「たまご」を産む「鶏」にとっては、「カルシウム」は非常に重要な栄養素であるわけです。

　「無洗卵」の「卵殻表面」を、走査電子顕微鏡で撮影した画像を、**写真1-5**に示します。

写真1-5「卵殻表面」の「電子顕微鏡」画像

　画像上部の薄い板状の部分 (中央で一部めくれ上がっている部分)が、「ク
チクラ層」です。

　その下に柱状の「海綿状層」が見え、「海綿状層」の下に「乳頭層」(柱状
の下部の丸い部分)が見えます。

　画像のいちばん下部 (撮影データの数字の下)には、網状になった「卵殻
膜」の一部が確認できます。

1-11　「たまごの形成」にかかる時間

　「鶏の生殖器」における「たまご」の各部の通過時間について、**表1-3**に示します。**写真1-3**の「雌鶏」の「生殖器画像」と併せて、ご覧ください。

表1-3 「鶏の生殖部」での「たまご」の通過時間

鶏の生殖部	通過時間
卵巣 （らんそう）	-
漏斗部 （ろうとぶ）	15〜30分
膨大部 （ぼうだいぶ）	2〜3時間
狭部 （きょうぶ）	1〜1.5時間
卵殻腺部 （らんかくせんぶ）	18〜20時間
総排泄腔 （そうはいせつくう）	-

1-12　「鶏の祖先」はどんな「鳥」

　「鶏」の祖先は、「野鶏」(野生のニワトリ)の一種である「赤色 野鶏」と言われています。

　その鳥は、今でも「インド」から、「マレー半島」「スマトラ」「フィリピン」などに、「野鳥」として生息しています。

　それらの鳥が、次第に飼い慣らされて今の「鶏」(庭先の鳥)になった、と言われています。

＊

　「野鶏」は、今の「採卵用の鶏」と違って、1年のうち、春の産卵期に数個の「たまご」を産み、温めて「ヒナ」を孵していました。

　それを品種改良していった結果、現在のように、1日に1個の「たまご」を産む「鶏」が誕生しました。

　つまり、品種改良を重ねて「『たまご』を多産する品種」(鶏種)を、人間が開発したのです。

　この開発は、現在でも行なわれていて、各開発会社から「コマーシャル鶏」(実用鶏)として販売されています。

　この「コマーシャル鶏」には、「レイヤー」と呼ばれる「採卵用の鶏」と「ブロイラー」と呼ばれる「食肉用の鶏」があり、各メーカーは競って、「より消費者に好まれる品種」「より生産効率 (産卵率など)の高い品種」を開発しているのです。

＊

　「鶏の産卵」(排卵)には、「光線」(太陽の光)が重要な役割を果たしています。

　「光」が、「鶏」の「視神経」から「視床下部」や「脳下垂体」へと伝わり、「性腺刺激ホルモン」の分泌を促進することによって、「卵巣」が発達するのです。

　生き物は本来、子孫を残すことを目的として「たまご」を産みますが、現在の「採卵用」の「養鶏場」では、「たまご」を産むとすぐに、「カゴ」(cage：ケージ)の外に転がり出ていくので、「ケージ飼い」の「鶏」は「たまご」を抱くことを知りません。

　通常、「鳥」は「たまご」を抱いている間は、次の「たまご」を産まないので、このように「たまご」をすぐに「親鶏」から離すことも、「鶏」が毎日のように「たまご」を産むようになったことと、関係があるのかもしれません。

　このように、「鶏」の「品種改良」と「生活環境の変化」が、多くの「たまご」を産むことになった理由なのです。

第2章

経済学コーナー

「たまごの価格」は、どのように決められているのかご存知でしょうか。
ここでは、その価格決定の基となる、「鶏卵相場の動き」などについて、見ていきます。
(http://takakis.la.coocan.jp/keizai.htm)

2-1 「たまご」にも「規格」がある

　「スーパー」などで売っている「パックたまご」の中に、「横長の紙片」が入っていたり、パックに「ラベル」が貼ってあったりしているのは、ご存知ですね。

　近年では、カラー文字や写真などの入った「大きなラベル」もありますが、その記載内容をよくご覧になったことがあるでしょうか。

　「メーカー」(生産者)が違っていても、ほぼ同じ内容の項目が印刷されているはずです。

　それは、「たまごの規格」によって、表示すべき項目が定められているからなのです(**図2-1**「『たまごの規格』表示例」参照)。

　「たまごの規格」として国内で定められているのは、昭和40年2月に農林水産省が制定した「鶏卵の取引規格」です。

　これは、「農林事務次官通達」として出されていて、「鶏卵業界」の取引に関する指導基準となっています。

　〈 表示例 〉

農林水産省規格 （卵重） **M** 58g〜64g 未満 卵重計量責任者 高木 伸一	包装場所	神奈川県海老名市河原口 111番地 高木エッグ GPセンター
	賞味期限	99年11月1日
	保存方法	冷蔵庫(10℃以下)で保存して下さい
	使用方法	生食の場合は賞味期限内に使用し、 賞味期限後は充分加熱調理して下さい

図2-1「たまごの規格」の表示例

　この基準は、「卵重」(らんじゅう)(「カラ付きたまご」1個ぶんの重さ)によって、「6段階」に区分されており、たまごパックに入っている「ラベルの色」でも判断できます。

　「ラベルの色」は、たとえば、「Lサイズたまご」は「橙色」(だいだい)、「Mサイズたまご」は

「緑色」、というように区分されています。

表2-1で、その「基準」の詳細を見てみましょう。

表2-1 「鶏卵」の「取引規格」(農水省)

区分	ラベル色	基準
LL	赤	パック中の鶏卵1個の重量が70g以上、76g未満
L	橙	パック中の鶏卵1個の重量が64g以上、70g未満
M	緑	パック中の鶏卵1個の重量が58g以上、64g未満
MS	青	パック中の鶏卵1個の重量が52g以上、58g未満
S	紫	パック中の鶏卵1個の重量が46g以上、52g未満
SS	茶	パック中の鶏卵1個の重量が40g以上、46g未満

しかし、近年では、パックの外側に貼付した「大型ラベル」の普及によって、「色別のラベル」が使われている「パックたまご」が少なくなってきました。

この「ラベル色」を用いていないもの (「ブランド卵」など)も、多く販売されています。

また、1パックに「さまざまなサイズ」(卵重)の「たまご」を入れて、1パックの全体重量が一定となるようにした「定重量パック」というものが売られるようになりました。

これは、「GPマシン」(パック詰めをする装置)の技術の進化によって、可能となったものです。

「スーパー」などで実際に販売されているのは、「LL」から「MS」の間くらいのサイズです。

特に、「Lサイズ」や「Mサイズ」は、一般家庭の食卓にのぼる、いわゆる「テーブル・エッグ」として需要が多く、「MSサイズ」はマクドナルドなどで「エッグマフィン」や季節商品の「月見バーガー」など、ハンバーガーの具材に使われています。

このため、「たまご」の取引上でも、この「LL ～ MSサイズ」の価格は、他のサ

イズに比べて高くなっています。

　このため、「養鶏場」では、できるだけこの間のサイズの「たまご」が多く産まれるように、飼育上の工夫をしています。

　「鶏」に与える「エサの量」の調整などで「初産の開始時期」を調節することによって、可能になります。

＊

　先ほど、"「たまごの規格」によって「ラベルに表示すべき項目」が定められている"と言いました。ここで、どのような「表示項目」があるのか説明しておきましょう。

　図2-1に示した「表示例」を、併せてご覧ください。

　最初に、農林水産省規格の「サイズ区分」（「L」「M」など、「卵重」による区分）です。これは「色分け」して表示し、かつ、その下に「基準の『卵重』の範囲」を併記します。

　次に、「卵重計量責任者」の名前です。

　これは、「個人名」を記載します。"私が責任をもって「計量」「区分」しました"という証明のようなものです。

　この他に、「包装場所（パック詰めを行なった場所）」「賞味期限」「保存方法」「使用方法」があります。

　「賞味期限」以下の項目は、平成11年11月1日から、表示が義務付けられたものです。

2-2 「たまご」の「サイズ」の選び方

みなさんは、「たまご」を買うときに、どのようにして「サイズ」を決めているでしょうか。

「たまごのサイズ」は、「鶏の種類」(鶏種)や「季節」によっても違ってきますが、「鶏の年齢」(実際には「年」ではなく「日」を使い、「日齢」と言う)による影響が、いちばん大きいのです。

「若い鶏」は「小さな『たまご』」を産みますし、「採卵期間(養鶏場で「たまご」を産ませる期間)の終わりごろの鶏」は「大きな『たまご』」を産むのです。

＊

しかし、「『たまご』自体の大きさ」と「『卵黄』の大きさ」は、比例していません。

極端に「サイズ」が異なるものは別ですが、「LL 〜 MSサイズ」の範囲であれば、「たまご」が大きくても小さくても、「卵黄の重さ」(大きさ)はほとんど変わらないのです。

つまり、「大きなサイズの『たまご』」は、全体的に大きいのではなく、「卵白」(白身)の量が多くなっているのです。

ですから、選び方としては、「メレンゲ」作りのように「卵白だけを使う場合」や「ときほぐして使う場合」には大きな「LLサイズ」を使い、「卵黄(黄身)だけを使うような料理の場合」には小さな「MSサイズ」の「たまご」を選ぶと良い、ということになります。

2-3　「たまご」の「価格」は、どのように決まるのか

　「たまごの価格」は、どのようにして決まるのでしょうか。

　「たまごの価格」は、夏場に下がり、秋冬に上がるのが一般的になっています。
　これは、人間の食欲が夏場は減り、秋冬に増すので、この「需要」と「供給」の関係と言われています。
　しかし、実際の「たまご」の「価格変動」は、「生産者の資金需要」や、クリスマスなどの「季節の行事による需要と供給」の関係もあり、複雑なものとなっています。

　日本経済新聞の朝刊に「商品相場欄」がありますが、この欄に「日曜」と「月曜」および「祝祭日の翌日」を除いた毎日、「鶏卵の相場」が掲載されています。
　先に説明した「鶏卵の取引規格」に則って、「サイズ別の相場」(たまご1kgの価格)が発表されています。

```
       鶏 卵 （規格物特級、荷受け 販売値）
 ◇東京＝もちあい
 東洋     LL    L     M    MS    S    SS
   加重   216   230   215   177   173   107
   高値   227   241   226   188   184   118
   安値   206   220   205   167   164    98
 東京
   加重   214   230   210   174   169   105
   高値   227   244   224   188   182   118
   安値   207   223   203   167   162    98
 全農
   加重   212   230   210   174   169   105
   高値   225   244   224   188   182   118
   安値   205   224   204   168   162    98
 ▽特殊物   東洋         東京         全農
   高値   252          248          248
   安値    87                        87
 ▽事業協組非規格（安値、高値）
              189-196
```

図2-2 「鶏卵」の相場例

　「たまご」は、各地にある「鶏卵荷受機関」(鶏卵問屋、鶏卵市場)が、それぞれの市場の需給動向(「前日の売行き」「在庫量」「入荷量」「天候要因」など)を見て発表する相場(卵価)を基準に、取引されています。

　この点は、「魚市場」や「青果物市場」などで見受けられる、「現物」(実際の取引商品)を前にした「セリ」や「相対取引」による「相場形成」とは、異なっています。

　「たまご」は、この相場価格を基準にして、「加工・小売業者」と「生産・集荷業者」の間で取引が行なわれるのです。

　代表的な「荷受機関」としては、「日本経済新聞の商品取引」欄に記載されている「JA全農たまご株式会社」(JA:全国農業協同組合連合会)系列の各「荷受機関」(「東京」「横浜」「名古屋」「福岡」)と、民間の「鶏卵問屋」である「東洋キトクフーズ」「東京鶏卵」「神奈川鶏卵」「大阪鶏卵」などがあり、前者を「系統」(農協系)、後者を「商系」(商社系)と呼んでいます。

＊

　「たまごの相場」の「価格変動」は、ある一定の周期をもっていると言われていて、これを「エッグ・サイクル」と呼んでいます。

　この「エッグ・サイクル」(「たまごの価格」の「変動周期」)には、一般的に「中期のサイクル」と「短期のサイクル」があります。

　「中期」は「約5年サイクル」で、「短期」は「1年のサイクル」です。

　このような「サイクル」(周期)が起こる要因には、「生産者の資金需要」や「『たまご』の需要と供給のバランス」などが考えられ、とても複雑なものとなっています。

　「短期」の「エッグ・サイクル」を、**表2-2**に示します。

表2-2 エッグ・サイクル（短期）

時　期	相場状況
1〜3月	相場上昇
4〜6月	相場下落
7〜8月（お盆近くまで）	最低相場
9月	最高値
10〜11月	やや下げて中だるみ
12月	相場上昇
年初	相場暴落

【＊注記】
　「エッグ・サイクル」の詳細については、ホームページ「たまご博物館」の「経済学コーナー」にある、「エッグ・サイクルとは」の項を参照してください。
　http://takakis.la.coocan.jp/keizai.htm

2-4　「たまごの価格」の推移と、主な出来事

　「たまごの価格」は、ここ30年以上ほとんど変わっていません。

　これが、「たまご」が「物価の優等生」と呼ばれる所以です。

　しかし、「オイルショック」などの経済上の出来事などによって、変化がなかったわけではありません。

　ここでは、年別の「たまごの価格」の推移（表2-3）と、その変動要因ともなった「鶏卵業界」に関連する主な出来事（表2-4）を、見ていきましょう（価格は全農東京市場「Mサイズ」で、単位は「円/kg」）。

表2-3「たまごの価格」の推移

年	昭和29年	昭和30年	昭和31年	昭和32年	昭和33年	昭和34年
平均価格(円/kg)	217	205	227	212	200	205
年	昭和35年	昭和36年	昭和37年	昭和38年	昭和39年	昭和40年
平均価格(円/kg)	198	194	196	206	184	191
年	昭和41年	昭和42年	昭和43年	昭和44年	昭和45年	昭和46年
平均価格(円/kg)	206	194	201	191	194	189
年	昭和47年	昭和48年	昭和49年	昭和50年	昭和51年	昭和52年
平均価格(円/kg)	200	218	282	304	279	304
年	昭和53年	昭和54年	昭和55年	昭和56年	昭和57年	昭和58年
平均価格(円/kg)	248	247	305	342	272	250
年	昭和59年	昭和60年	昭和61年	昭和62年	昭和63年	平成元年
平均価格(円/kg)	260	271	279	174	172	191
年	平成2年	平成3年	平成4年	平成5年	平成6年	平成7年
平均価格(円/kg)	223	248	166	161	170	184
年	平成8年	平成9年	平成10年	平成11年	平成12年	平成13年
平均価格(円/kg)	201	199	169	194	189	168
年	平成14年	平成15年	平成16年	平成17年	平成18年	平成19年
平均価格(円/kg)	174	151	173	204	183	168
年	平成20年	平成21年	平成22年	平成23年	平成24年	平成25年
平均価格(円/kg)	194	175	187	196	179	194
年	平成26年	平成27年	平成28年	平成29年	平成30年	令和元年
平均価格(円/kg)	222	228	205	207	180	172
年	令和2年	令和3年	令和4年			
平均価格(円/kg)	171	217	215			

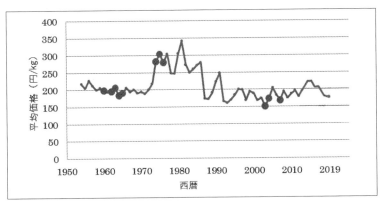

グラフ2-1 「表2-3」のグラフ
(●は「表2-4」の主な出来事のあった年を表わす)

表2-4 主な出来事

年	主な出来事
昭和35年	「養鶏振興法」が成立
昭和37年	「ヒナ」の自由化
昭和38年	「外国鶏」が続々日本上陸
昭和39年	「鶏卵」の価格大暴落
昭和40年	「鶏卵」の安定基金設立
昭和49年	「オイルショック」 「飼料の価格」が暴騰
昭和50年	「飼料の価格」の安定基金を設立
昭和51年	「鶏卵の生産調整」を強化
平成15年	生産過剰により、「鶏卵の価格」が大暴落 昭和29年に統計とりはじめて以来の最低価格
平成16年	日本国内で、79年ぶりの「鳥インフルエンザ」が発生※ 行政による「鶏卵の生産調整」を廃止
平成19年	「飼料 (トウモロコシ) の価格」暴騰 「鶏卵小売価格」の値上げ
令和5年	全国的な鳥インフルエンザ発生により、鶏卵価格が高騰

【※注記】
「鳥インフルエンザ」については、「たまご博物館」の下記のページで詳細に解説しています。
http://takakis.la.coocan.jp/ai.htm

　このように、その年の「価格」と「出来事」を見比べてみると、「たまごの価格」の変動要因が、よく分かりますね。

2-5　「たまご」の「賞味期限」とは

　平成11年11月1日から、法律 (食品衛生法施行規則) によって、「たまごのパック」などへの「賞味期限の表示」が義務付けられました。

　それまでにも、「スーパー」などで売っている「パック詰めたまご」には、「採卵日」や「産卵日」を表示しているものがありました。

　しかし、法律制定後は、「養鶏場」の直売店などで売っている「ネット入り（網に入ったもの）」「箱入り」も含めて、販売されるすべての「たまご」について、「賞味期限」を表示することになっています。

　「インターネット販売」や「通信販売」のものも、同様です。

＊

　では、「たまごの賞味期限」とは、何でしょうか。主婦の方でもご存知ない方が多いようです。

　「たまごの賞味期限」とは、「たまご」を「生」で食べれる期限を示しています。

　ですから、「賞味期限」が切れたからといって、食べれないわけではありません。「加熱調理」をすれば、「賞味期限」後でも、食べられます。

　でも、「加熱調理で食べれる期限はいつまでか」というと、これは一概には言えません。実際の「産卵日」や、それまでの「保存状況」に関わってくるからです。

　ですから、「たまご」を割ってみて、確かめるのがいいでしょう。

　「鮮度の見分け方」については、**附録A**の「たまごのQ＆A」をご覧ください。

　「たまご」は生鮮食品ですが、意外と長持ちするものです。

　「スーパー」などで売っている「パック入りたまご」は、「GPセンター」（Grading and Packing Center）で「洗卵」（「たまご」を洗うこと）しているので、「カラ」の表面にある「クチクラ層」というものが洗い流されてしまっています。

　「クチクラ層」は、「鶏」が「産卵」する際に分泌され、「カラ」の表面を覆います。

　このため、産卵直後の「たまご」は、濡れたように光っていて、みるみるうちに乾きます。

　この層は、「たまご」の表面にある「気孔」と呼ばれる小さな穴から、内部に「細菌」が侵入するのを防ぐ役割をしています。

　この「クチクラ層」のある「洗卵」前の状態だったら、適温で保存すれば、1ヶ

月以上も「生」で食べられるのです。

　たとえば、「賞味期限表示」の法制化にあたり、「鶏卵日付 表示等 検討委員会」が作った、業者向け「鶏卵の日付等表示マニュアル」の「生食期限設定ガイドライン」では、期限設定の例として、「冬期」（12月から3月まで）は、生食期限を「採卵後57日以内」とするように示しています。
　ちなみに、「春秋期」は「採卵後25日以内」、「夏期」は「採卵後16日以内」と大幅に短くなっています。

　このことから、「気温」（保存温度）が、いかに「たまご」の品質（鮮度）に影響を与えるか、が分かると思います。
　これは、万一、「たまご」に「サルモネラ菌」があった場合に、人体に影響のある「増殖速度」を考慮したものです。

　「賞味期限」の設定根拠となる「計算式」を、図2-3に示します。

　ただし、「鶏卵業界」としては、「鶏卵の日付等表示マニュアル」を平成22年3月に改訂し、「賞味期限」については、「産卵日起点」であることをより明確化するとともに、家庭で「生食用」として消費される「鶏卵」については、“「産卵日」を起点として「21日」以内を限度として表示する”ことを、新たに制定しました。

　なお、「鶏卵」の「保管温度」については、「25℃以下」に努めるものとしますが、やむを得ずこの温度を超える場合にあっては、従来の表示マニュアルに従って「賞味期限」を表示するものとしました。

$$D = 86.939 - 4.109T + 0.048T^2$$

D：菌の急激な増加が起こるまでの日数
T：保存温度

図2-3 「賞味期限」の設定根拠の 「計算式」

【＊注記】
　図2-3に示す 「計算式」の詳細については、下記URLの 「生食期限設定について」を
参照してください。
http://takakis.la.coocan.jp/kigen-new.htm

2-6　「たまご」が 「物価の優等生」であり続けるわけ

　「たまごの価格」は、表2-3の 「『たまごの価格』の推移」で示したように、30
年以上ほとんど変わっておらず、むしろ、安くさえなっています。
　これが、「物価の優等生」と呼ばれる所以です。

　しかし、「エサ代」(特に、「鶏」の主食である 「トウモロコシ」)や 「人件費」が
上がっているのに、なぜ 「価格の上昇」が起こらないのでしょうか。
　それは、「養鶏技術」の発達によって、非常に効率の良い生産が可能となっ
たからなのです。

＊

　現在、いちばん多く用いられている 「採卵鶏」の飼育方法は、「ケージ飼い」
と言うものです。
　「ケージ」(cage)とは 「カゴ」のことで、横にたくさんつながった 「カゴ」に
「鶏」を入れて飼っています。
　この 「カゴ」は、「多段式」にすることによって、容易に 「飼養羽数」を増やす
ことができます。

　このため、逆に、「生産過剰」にもなりやすいという欠点もあります（「鶏舎」1棟当たり、「2万5千羽」以上の「鶏」が飼育されている「養鶏場」もある）。

　令和4年（2022年）2月時点で、「農林水産省 統計部」が「畜産統計」として集計した全国の「採卵鶏 飼養戸数」（「たまごの生産」を目的とした「養鶏場」の数）は、「1,810戸」です。
　平成25年（2013年）は「2,650戸」だったので、9年間で「840戸」も減少したことになります。
　これと比較して、全国の「採卵鶏 飼養羽数」（「たまごの生産」を目的として飼育している「鶏」の数）は、令和4年は「137,291千羽」です。
　平成25年は「133,085千羽」だったので、「飼養羽数」自体は、ほとんど変わっていないことになります。

　"「飼養戸数」が激減しているにもかかわらず、「飼養羽数」が変わらない"ということが何を意味するかというと、"1つの「養鶏場」で飼われている「鶏の数」が増加している"ということに、ほかなりません。
　つまり、膨大な数の「鶏」を飼育する、「大規模 養鶏場」が増えていることを示しているのです。

*

　近代化された最新の「大規模 養鶏場」では、「エサ」を「ロボットアーム」が自動的に分配したり、産み落とされた「たまご」を「ベルトコンベア」で自動的に集めるなど、生産を「自動化」「効率化」しており、養鶏作業がほとんど「無人化」されているのです。
　このような「高効率化の生産」と「無人化による人件費の削減」によって、低コストでの「たまごの生産」が可能になっているのです。
　しかし、このような「大規模 養鶏場」ではない中小の「個人経営 養鶏場」では、苦しい経営を余儀なくされているのも事実です。

　しかし、私たち消費者にとって、「安い」ということは歓迎すべきことですね。
　栄養価が高く、おいしい「たまご」を、日本の「たまご業界」発展のためにも、もっと食べたいものです。

2-7 「たまごの価格」を「海外」と比較してみると

　日本では「物価の優等生」と言われ、安価な「たまご」ですが、海外の「たまごの価格」はどのくらいなのでしょうか。
　ここで、ちょっと「物価」を比較してみましょう。

　表2-5に、食料品における「世界7都市」と「日本」の、「価格差」について示します。

表2-5 食品の内外価格差

品目名	単位	東京（円）	換算価格（円）				
			ニューヨーク	ロンドン	パリ	シンガポール	ソウル
米	10kg	3,623	2,711	4,885	6,122	3,623	3,588
食パン	1kg	409	689	221	410	246	375
小麦粉	1kg	193	177	131	105	169	119
牛肉（ロース）	100g	386	295	332	279	265	729
豚肉（肩肉）	100g	159	144	112	142	98	136
鶏肉（胸肉）	100g	121	141	261	220	73	105
鶏卵	L:10個	222	310	309	418	244	355
牛乳	1L	182	173	142	175	212	224
たまねぎ	1kg	211	396	199	511	171	361
バナナ	1kg	221	193	438	261	139	345
マヨネーズ	500g	246	327	237	445	390	302
まぐろ	100g	432	793	1,141	621	854	754
コーラ	500ml	115	140	163	165	77	75

　このデータは、経済企画庁が2006年（平成18年）に行なった「内外価格差調査結果」を表にしたものです。

　「円」への「換算レート」は、平成18年11月時点の「為替レート」を使っています（米ドル＝118.41円, 英ポンド＝228.28円, ユーロ＝152.63円, シンガポールドル＝76.25円, 韓国ウォン＝0.13円）。

　表2-5を見ると、「パリ」の「鶏卵価格」が高いのが目立ちます。

　「食品の価格」は、主に「需要」と「供給」のバランスで決まるので、表2-5の「価格差」も、常に変動していることに注意してください。

2-8　「たまご」が家庭に届くまで

　「スーパー」などで売っている「パック入りたまご」が私たちの家庭に届くまでには、「流通」の過程で、「洗卵（たまごを洗うこと）」「サイズ分け」「パック詰め」などの工程を経ています。

　これらの主な工程をこなしているのが、「GPセンター」と呼ばれるところです。

　「GPセンター」とは、「鶏卵 選別 包装 施設」のことで、英語の「Grading and Packing Center」が語源です。

　「GPセンター」での「鶏卵 選別ライン」の概略は、以下のようになります。

[1] 原卵受入れ（養鶏場より）
[2] 品質検査（人手で不良品を除去）
[3] 給卵（選別ラインへ）
[4] 洗卵・乾燥
[5] 検卵（機械で不良品を除去）
[6] 重量選別（GPマシン）
[7] パッキング（包装）・ラベリング
[8] 出荷（スーパーなどに運ぶ）

　上記に示す通り、「養鶏場」から「GPセンター」に運ばれた「たまご」（原卵）は、「洗卵 選別機」を通過した後に、「パック詰め」されて市場に出荷されるのが、一般的です。

＊

　「洗卵 選別機」（GPマシン）とは、「たまご」を洗った後、乾燥させて、1つ1つの重さを自動的に量ってサイズ別に選り分ける機械です（**写真2-1**を参照）。

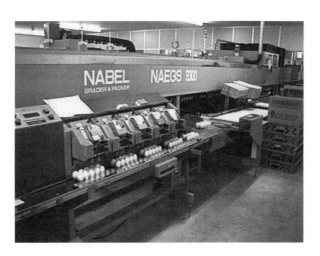

写真2-1 GPマシン（洗卵 選別機）

＊

　現在、「養鶏場」または「GPセンター」で使われている「洗卵 選別機」では、搬入された「たまご」は、最初に「洗卵」されます。

　「洗卵」の方法には、

① **水洗式** … 「水」を使ってブラッシングする方法

② **ドライ式** …「水」を使わず、「たまご」を乾燥状態のままでブラッシングする方法

がありますが、日本では①「水洗式」の「洗卵」が普及しています。

　「卵選別 包装施設の衛生管理要領」（厚生省）では、「洗浄水」の温度は、「30℃」以上で、かつ「卵殻表面温度の+5℃」が最も望ましいとされています。

　また、「洗浄水」には、「卵殻 表面」(カラの表面)の「殺菌剤」として、「150ppm以上」の「次亜塩素酸ナトリウム溶液」または、これと同等以上の効果を有する殺菌剤を用いること、とされています。

　これによって、「たまご」に付着した「鶏」の「羽毛」や「フン」などの汚れを落とすとともに、万一、あった場合の「オン・エッグ」(on egg)と呼ばれている、「卵殻 表面」の「サルモネラ菌」などの雑菌を取り除いています。

＊

　この「洗卵 工程」は、先にもお話した通り、「カラ」の表面にある"バリアー"である「クチクラ層」を洗い流してしまうことになります。ですから、「洗卵しないほうがいいのではないか」ということになってしまいます。

　しかし、これは、なかなか難しい問題です。

　何を重視するかによって、意見が分かれるところです。

　たとえば、ヨーロッパ (イギリスなど)では法律によって「洗卵」はしないことになっています。その理由は、昔、オーストラリアから「たまご」を輸入していたとき、「洗卵」されていないもののほうが「鮮度の低下」が少なかったからなのです。

　これに対して、見た目には「洗卵」されたもののほうがいいのは明らかです。

　「ケージ飼い」の「養鶏」(「鶏」をカゴの中で飼う方法)だと、産み落とされた「たまご」は、すぐにカゴの底面の傾斜に沿って転がり、「鶏」から離れます。

　しかし、カゴの底面にも、若干の「鶏」の「フン」が付着していることがあるため、すべての「たまご」がキレイな状態で集められるわけではありません。

　「GPセンター」で、「洗卵」前の「原卵」(「養鶏場」から運ばれたままの「たまご」)を見ると、「フン」や「羽毛」が付着しているものが見られます。

　このままでは、見慣れている人はともかく、今まで「スーパー」などで「洗卵」された「たまご」しか見たことがない人は、購入意欲が減少してしまうでしょう。

　つまり、「洗卵」するかしないかは「鮮度低下を重視」するか、「見た目を重視」するか、によって分かれ、日本では「見た目を重視している」ということになり

ます。

　しかし、日本の「たまご」は、「日配品」として毎日出荷され、店頭に並べられています<ruby>日配品<rt>にっぱいひん</rt></ruby>から、もともとの鮮度がいいのです。

　「洗卵」することによる「鮮度の低下」は、心配する必要はありません。

＊

　「洗卵」「乾燥」の工程の次に、「<ruby>検卵<rt>けんらん</rt></ruby>」という工程があります。

　この工程では、「たまご」に光を当てたり、軽くたたくなどして、「内部が不良な『たまご』」や「ヒビが入った『たまご』」を取り除きます。

　光を当てて検査することを、「<ruby>透光検卵<rt>とうこうけんらん</rt></ruby>」と言います。この検査の実際の例を、写真2-2に示します。

写真2-2 透光検卵

　「カラ付きの『たまご』」は、意外と保存がきくのですが、「カラ」にヒビなどが入っていると、そこから「細菌」などが侵入してしまい、保存性が悪くなります。

　このため、以上のような厳しいチェックをした後に、「包装」して「出荷」されて

いるのです。

＊

　ここで1つ、「たまごパック詰め」のときの、面白い工程をご覧いただきましょう。

　写真2-3をご覧ください。「たまご」が並んで、ローラーのコンベアで移動する途中の写真ですが、何をしているところか分かるでしょうか。

写真2-3 「パック詰め」の1工程

　この写真は、「GPセンター」で「たまご」をパックに詰める前に、向きを揃えている部分です。

　「パック詰めの『たまご』」は、「鋭端」(尖ったほう)を下に、「鈍端」(丸い方)が上になるように入っています。

　そのため、「たまご」を一定の向きに揃える必要があるのです。

　この写真では、「たまご」は、下にあるローラーの回転によって、右から左に流れています。

　「たまご」が通る通路がだんだん狭くなっているのが見えますが、この狭まる段

階で、「たまご」の「鋭端」が手前の方向に揃います。

　もともと、「鋭端」が手前方向だった「たまご」は、そのまま流れていきますが、「鋭端」が向こう側になっている「たまご」は、写真の中央部分を通過するときに、ガイドの金属の棒に当たって向きを変えるのです。

> 【＊注記】
> 　「たまご」の「鈍端」を上にして「パック」に入れている理由は、附録Aの「たまごのQ＆A 50」で解説しています。

2-9 「インターネット販売」VS「直売店」

　近年、パソコンや通信技術の発達によって、多くの人が「インターネット環境」を手に入れました。

　「インターネット」の普及とともに利用が多くなったものに、「ネットショップ」と呼ばれるホームページを利用した、「インターネット販売」があります。

　これによって、「養鶏場」が、消費者に直接宅配販売することが可能になり、インターネット上で「たまご」や「卵」などで検索すると、多くの販売業者が表示されます。

　また、「インターネット販売」とまったく異なる、「養鶏場」が直接、顧客と対面販売する「直売店」も、近年、消費者に人気があります。

　「直売店」では、「生産者の顔が見える店」として「固定客」がついているところが多くあり、「たまご」だけではなく、「プリン」や「ケーキ」などの加工品を販売しているところもあります。

　今後も、この異なる環境の「たまご販売」は、互いに影響を与えながら進化していくのではないでしょうか。

第3章

栄養学コーナー

昔から、人気者として「巨人、大鵬、たまご焼き」と言われるくらい好まれている「たまご」は、どこの家庭の冷蔵庫中にいつもある身近な食材です。
ここでは、「たまごの栄養価」について迫ります。
(http://takakis.la.coocan.jp/eiyou.htm)

3-1 「たまご」の栄養価

　「たまご」は、栄養学の観点から見ても「完全食品」と呼ばれているように、人間の体に必要な栄養素をまんべんなく含んでいる、優れた食品です。

　たった1種類の食材で、これだけ栄養的に豊富な食品は、「たまご」を除くと、やはり「完全食品」と言われている「牛乳」以外には見当たりません。

　「たまご」は、「ヒヨコ」が成長するために必要な「栄養成分」をすべて持ち合わせている、文字どおりの「完全栄養食品」です。

　「たまご」は、「ヒヨコ」になるまでの間、他の「栄養素」を外部から取り込むことなく、温めるだけで、それ自身で成長して誕生します。まさに、「生命誕生のカプセル」なのです。

　「たまご」の栄養成分には、「ヒヨコ」の、「脳」「神経」「全身の細胞」を造るのに必要な、「脂質類」と「タンパク質」が充分に含まれています。

　また、「ヒヨコ」の「骨格づくり」に必要な、「カルシウム」と「リン」も豊富です。

　「たまご」に含まれている「主な成分」と「カロリー」などについて、**表3-1**に示します。

　この表は、「全卵」「卵黄」「卵白」の各可食部「100g」当たりの値です。

　表中の単語について、「卵黄 (100g)」とは、「『卵黄』のみを『100g』分析した値」を示しており、「可食部」とは、「卵殻」などの「食べられない部分」を除いたものを指します。

表3-1 「たまご」の主な成分（出典：文部科学省「五訂増補 日本食品標準成分表」）

主な成分	単位	全卵(100g)	卵黄(100g)	卵白(100g)
エネルギー	kcal	151	387	47
	kJ	632	1619	197
水 分	g	76.1	48.2	88.4
タンパク質	g	12.3	16.5	10.5
脂 質	g	10.3	33.5	Tr
炭水化物	g	0.3	0.1	0.4
ナトリウム	mg	140	48	180
カリウム	mg	130	87	140
カルシウム	mg	51	150	6
マグネシウム	mg	11	12	11
リン	mg	180	570	11
鉄	mg	1.8	6.0	0
亜 鉛	mg	1.3	4.2	Tr
レチノール	μg	140	470	0
カロテン（β）	μg	3	8	0
ビタミンA	μg	195	628	0
ビタミンD	μg	1.8	5.9	0
ビタミンE	mg	1.6	5.5	0
ビタミンK	μg	13	40	1
ビタミンB1	mg	0.06	0.21	0
ビタミンB2	mg	0.43	0.52	0.39
ナイアシン	mg	0.1	0	0.1
ビタミンB6	mg	0.08	0.26	0
ビタミンB12	μg	0.9	3.0	0
葉 酸	μg	43	140	0
パントテン酸	mg	1.45	4.33	0.18
コレステロール	mg	420	1400	1

【＊注記】
　「ビタミンA」の数値は、「クリプトキサンチン」「β-カロテン当量」「レチノール当量」を合算したものです。
　「ビタミンE」の数値は、「トコフェロール」の「α」「β」「γ」「δ」の各数値を合算したものです。
・各成分において、「0」は「食品成分表の最小記載量の『1/10未満』または『検出されない』」ことを、「Tr」(トレース)は「含まれているが、最小記載量に達していない」ことを示しています。

表3-1に示した成分の他に、「たまご」には、「認知症」や「老化」の防止に効果があるとされる、「卵黄コリン」という成分も含まれています。

また、「卵黄」についている"白いヒモ"のような「カラザ」と呼ばれる部分には、「シアル酸」という「抗がん物質」が含まれていることも分かっています。

このように、「たまご」は、生物にとって大切な栄養を豊富に含んだ食品なのです。

「たまご」は、「生命誕生のカプセル」であるとともに、「栄養のカプセル」でもあるわけです。

3-2 「たまご」が「完全食品」と呼ばれるゆえん

「たまご」には、「ヒヨコ」を孵すまでに必要な栄養素が、すべて備わっています。

温めると、外からは「酸素」を補給するだけで、「カラ」の中では着々と生命化が進み、やがて「カラ」を割って1つの命が生まれます。

考えてみれば、この生命誕生のメカニズムは、実によく出来ています。

栄養学の知識などをもたなかった昔の人々も、「親鶏」が温めるだけで「ヒナ」が孵る様子を見て、「たまご」の不思議な生命力に注目し、"活力を与えてくれる食べもの"として、古くから食用にしていました。

そして現代、栄養学が普及し、成分分析によって「『ヒヨコ』にとって必要なすべての栄養素がバランスよく含まれている」ことが分かってからは、「たまご」は、「完全栄養食品」として高く評価されてきました。

分析の結果、「たまご」内の「タンパク質」を構成する「アミノ酸バランス」（「タ

ンパク質」の組成バランス)は、生物の体を構成している「筋肉」の「アミノ酸バランス」に、きわめて近いことが分かっています。

【*注記】
ホームページ「たまご博物館」では、「孵化」の過程を、画像で紹介しています。
下記の、「養鶏研修所」ページをご覧ください。
http://takakis.la.coocan.jp/kensyuu04-01.htm

　「栄養素」として重要な「タンパク質」を形成しているのは、「約20種類」の「アミノ酸」です。
　このうち、人間の体内では合成できない「9種類」を、「必須アミノ酸」と呼んでいます。

　この「必須アミノ酸」は、体内で合成できないため、必ず外部 (食べ物)から摂取する必要があるのです。
　これがないと、「タンパク質の合成」が妨げられ、「生命活動の維持」(「発育」「成長」「体の維持」)ができなくなってしまいます。
＊
　9種類の「必須アミノ酸」とは、「トリプトファン」「ロイシン」「リジン」「イソロイシン」「バリン」「スレオニン」「フェニルアラニン」「メチオニン」「ヒスチジン」です。
　このうち、「ヒスチジン」は、幼児などの「成長期」にだけ必要なものであり、1985年に「必須アミノ酸」として加わりました。
＊
　「良質なタンパク質」とは、この「必須アミノ酸」をまんべんなく含んだものを言います。
　そして、この理想的な「アミノ酸」の割合をもっている食品こそが、「たまご」なのです。
　「たまご」は、「9種類」の「必須アミノ酸」をバランスよく含む、すばらしい食品です。

　この「アミノ酸バランス」によって「タンパク質」の品質を評価する指標として、「プロテイン・スコア」と言うものがあります。

　よく耳にする「プロテイン」(Protein)とは、「タンパク質」のことです。

　そして、「たまご」は、この「プロテイン・スコア」が満点の「100」なのです。

　「たまご」が、いかにすばらしい食品であるか、分かると思います。

3-3　「プロテイン・スコア」から「アミノ酸スコア」へ

　ここで、「プロテイン・スコア」と「アミノ酸スコア」の違いについて、解説しておきましょう。

＊

　「プロテイン・スコア」とは、「食品中のタンパク質」の品質を評価するための指標で、1957年に「FAO」(国際連合食糧農業機関)によって提示されたものです。「プロテイン・スコア」は、「鶏卵」および「牛乳」の「アミノ酸組成」から導かれています。

　これは、人体の「アミノ酸 必要量」に基づいていないことから、後に「アミノ酸スコア」として改訂されることになりました。

　これが、「プロテイン・スコア」と「アミノ酸スコア」の値が異なっている理由ですが、「たまご」は、両者のスコアともに満点の「100」となっています。

＊

　「生たまご」に含まれている「タンパク質」中の各種「アミノ酸」の含有量について、**表3-2**に示します。

　この表は、「全卵」「卵黄」「卵白」における各「可食部100g」当たりの値です。

　表中の単語について、「卵黄 (100g)」とは、「『卵黄』のみを『100g』分析し

た値」を示しており、「可食部」とは、「カラ」などの「食べられない部分」を除いたものを指します。

表3-2 各種アミノ酸量（全窒素1g当たり、単位：mg）

アミノ酸		全卵(100g)	卵黄(100g)	卵白(100g)
イソロイシン	Ite	340	330	350
ロイシン	Leu	550	540	560
リジン	Lys	450	470	430
メチオニン	Met	210	160	250
シスチン	Cys	160	130	200
フェニルアラニン	Phe	320	260	380
チロシン	Tyr	260	260	250
スレオニン	Thr	290	300	280
トリプトファン	Trp	94	90	98
バリン	Val	420	380	460
ヒスチジン	His	160	160	160
アルギニン	Arg	400	440	370
アラニン	Ala	360	320	390
アスパラギン酸	Asp	640	590	670
グルタミン酸	Glu	800	730	850
グリシン	Gly	210	190	230
プロリン	Pro	240	250	230
セリン	Ser	430	450	410

3-4　「アミノ酸」の働きについて

　「タンパク質」と「アミノ酸」の研究が進むにつれて、各「アミノ酸」がさまざまな働きをもっていることが分かってきました。

　これまで、あまり注目されていなかった「非必須アミノ酸」にも重要な働きがあることが解明されており、「アミノ酸」の「生体機能」に関心が集まっています。

　私たちの体は、「アミノ酸」が欠乏すると、「免疫力の低下」「疲労の増加」「肌荒れ」などをはじめ、多くの「健康障害」を起こします。

　　不規則になりがちな現代人の食生活の中で、「アミノ酸」パワーのある「たまご」は、不可欠な食品と言えるのではないでしょうか。

　　表3-3に、「『たまご』に含まれる『アミノ酸』の種類と機能」を示します。

表3-3 「たまご」に含まれる「アミノ酸」の種類と機能

名 称	区分	機 能
分岐鎖アミノ酸(BCAA) 　イソロイシン 　ロイシン 　バリン	○	筋タンパク分解抑制、肝保護、インスリン分泌促進、糖尿病改善
スレオニン	○	胃炎改善、筋緊張亢進の抑制
メチオニン	○	肝保護、成長ホルモン分泌促進、腎炎改善、動脈硬化抑制
フェニルアラニン	○	抗うつ作用、発がん抑制
トリプトファン	○	催眠導入効果、鎮痛作用、抗うつ作用
リジン	○	糖尿病性白内障予防、骨粗しょう症予防
ヒスチジン	○	亜鉛不足による記憶障害の改善、抗うつ作用
アルギニン	◎	筋肉増強作用、成長ホルモン分泌促進、動脈硬化予防　、高血圧抑制、インスリン分泌抑制、肝保護、糖尿病での脂質過酸化抑制、腸管保護、免疫増強、心機能改善、血管拡張、高脂血症患者の血流改善
グリシン	△	アルコール性肝障害抑制、抗潰瘍作用
アラニン	△	肝保護、下痢時の症状緩和
セリン	△	胃酸分泌抑制、胃粘膜保護
アスパラギン	△	運動持久力向上、インスリン分泌促進、運動機能向上、脳のグルタミン増加作用、成長ホルモン分泌促進
グルタミン	△	腸管保護、免疫増強、抗うつ作用、タンパク分解抑制、胃粘膜保護、成長ホルモン分泌抑制、記憶障害改善
システイン	△	胃粘膜保護、皮膚保護、美白作用、糖尿病改善
プロリン	△	肝細胞増殖因子、皮膚の天然保湿因子
チロシン	△	交感神経の活性化、ストレスの軽減
アスパラギン酸	△	肝保護、エネルギー源
グルタミン酸	△	腸管保護、免疫増強、抗うつ作用、筋タンパク分解抑制、胃粘膜保護、成長ホルモン分泌抑制、記憶障害改善

【凡例】「区分」欄の記号の意味…○：必須アミノ酸 (ヒトの体内で合成できないもの)、
　△：非必須アミノ酸 (ヒトの体内で合成可能なもの)、◎：乳幼児や子供の場合は必須アミノ酸

　　表3-2の「各種アミノ酸量」を見ると、「グルタミン酸」という、昆布にも含まれている「うま味成分」が含まれていることが分かります。

日本ならでは、という食文化の1つに、「たまごかけごはん」があります。

「ごはん」(お米)の「タンパク質」には、2つの「必須アミノ酸」—「リジン」と「スレオニン」が不足していますが、「たまご」は、これを補ってくれます。

「アミノ酸」は不足分が補われると、その栄養価がぐんと高まります。

ですから、「ごはん」に「たまご料理」という献立にすれば、補足効果によって、よりいっそう栄養価が高まるのです。

昔からエネルギー源を「お米」から得ていた日本人にとって、「たまご」は大変好ましい食品と言えるでしょう。

温かい味噌汁の中に「たまご」を落とす、あるいは「生たまご」を「ごはん」にかけるという、単純きわまりない食べ方も、栄養学的に見れば、大変理に適っているわけです。

現在では、手軽に購入できる「たまご」ですが、高齢者の方に聞くと「昔は、『たまご』は病気のときにしか食べられなかった」とか「家族で1個の『たまご』を分け合って、『たまごかけごはん』を食べたのよ」といったように、「たまご」が貴重な食材であった歴史を感じます。

＊

ところで、2007年に「T.K.G.」という言葉が流行しました。

これは、「たまご・かけ・ごはん」の略称で、大阪にある読売連合広告社が生み出した言葉です。

この会社が発行した「365日たまごかけごはんの本」は、たまご関連の本としてベストセラーとなりました。

「たまごかけごはん」ブームの火付け役となったのは、「おたまはん」というネーミングの、「たまごかけごはん専用醤油」です。

この「醤油」は、島根県雲南市吉田町(旧吉田村)にある(株)吉田ふるさと村が販売しているもので、「関東風」と「関西風」の2種類があります。

この吉田町では、毎年10月に「日本たまごかけごはんシンポジウム」が開催さ

れており、多くの「たまごかけごはんファン」が集結しています。

【＊注記】
　「日本たまごかけごはんシンポジウム」開催の様子は、下記の「たまご博物館」のページで閲覧できます。
http://takakis.la.coocan.jp/tama-sim01.htm

＊

　このように、栄養豊富な「たまご」を構成している「卵黄」と「卵白」は、生命誕生のメカニズムにどのような役割を果たしているのでしょうか。

　「殻」（カラ）の中で行なわれる「生命誕生のドラマ」、その生命化の基本は、じつは「黄身」の部分——つまり、「卵黄」にあるのです。
　「卵黄」の表面にある「胚」と呼ばれる部分が、「ヒヨコ」になります。
　「生たまご」を割ったときに、「卵黄」についている「カラザ」（白い紐状のもの）が「ヒヨコ」になる、と思っている方もいるようです。
　しかし、この「カラザ」は、「卵黄」を「たまご」の真ん中に吊り下げる、"ハンモック"のような役目をしているものなのです。
　一方、「胚」は、「卵黄」の表面にある、直径が数ミリの白っぽい輪のことです（詳細は、**第1章**で紹介しています）。

　また、「白身」（卵白）は、「『ヒヨコ』の成長に必要な水分の補給」や「外部からの細菌の侵入を防ぐ」といった役割をしています。
　「卵白」には、「風邪薬」の素にもなっている「リゾチーム」という溶菌作用のある成分が含まれていて、これが「細菌」をやっつけるのです。

＊

　「卵黄」は、ギリシャ語で「レシトース」（Lekithos）と呼ばれ、「約14%」の「タンパク質」と、「29%」の「脂質」、そして「ビタミン」や「ミネラル」を多く含んでいます。
　この「卵黄脂質」のうちの「30%」は、「リン脂質」と呼ばれる「脂質」の一種

で、「脳」「神経組織」「細胞膜」などの構造の一部を成す、きわめて重要な物質なのです。

　近年、この「リン脂質」は、「認知症や老化などを防止する」という研究が進み、注目されています。

　「リン脂質」は、「卵黄」だけでなく、「大豆」や「レバー」などにも含まれていますが、「リン脂質」を構成している成分や比率は、それぞれ違います。

　表3-4は、「卵黄」と「大豆」に含まれる「リン脂質」の成分を比較したものです。

表3-4 「卵黄」と「大豆」に含まれる「リン脂質」成分比較

成分名	卵 黄	大 豆
コリン （ホスファチジルコリン：PC）	86.2%	33.9%
エタノールアミン （ホスファチジル エタノールアミン：PE）	11.9%	14.1%
イノシトール	-	16.8%
ホスファチジン酸	-	6.4%
スフィンゴミエリン：SPM	1.9%	-
その他のリン脂質	-	28.8%

　この表の「リン脂質」の中で、特に重要な成分が「コリン」（ホスファチジルコリン）で、「記憶」や「学習」に強く関係している神経伝達物質「アセチルコリン」のもとになる物質です。

　この物質は、「卵黄」に含まれている「コリン」であることから、「卵黄コリン」と呼ばれています。

　神経伝達物質の「アセチルコリン」は、記憶に深い関わりをもち、「アルツハイマー病」の脳内で著しく不足していることが、研究によって分かっています。

　また、この「コリン」は、人間の体内ではほとんど合成できないため、食べ物から取り入れるしかなく、「ビタミンB12」と一緒に摂取すると効果が高いことも分かりました。

「完全食品」と呼ばれている「たまご」ですが、先に示した成分表には、必要な栄養素である「ビタミンC」が含まれていません。

なぜ、「たまご」には、「ビタミンC」が含まれていないのでしょうか。

それは、「鶏」は、自分自身の体内で「ビタミンC」を合成できるからです。

これに比べて、人間は、体内で「ビタミンC」を合成する機能をもっていないため、必ず食べ物から取り入れる必要があるのです。

3-5　「たまご」と「健康」について

「たまご」には、これまでに述べてきたように、「タンパク質」や「カルシウム」「鉄分」など、豊富な栄養素が含まれています。

また、人の体内で作ることができない「9種類」の「必須アミノ酸」をバランス良く含んでいる、すばらしい食品です。

特に、「たまご」の「タンパク質」は非常に良質で、「タンパク質」の栄養価を表わす基準「プロテイン・スコア」(Protein score)と「アミノ酸スコア」(Amino acid score)は、ともに満点の「100」で、栄養学的に優れた食品とされています。

ちなみに、「タンパク質」を漢字で書くと「蛋白質」であり、この「蛋」という字は、中国語で「たまご」を意味しています。

中国料理の1つに、「ピータン」という「アヒルのたまご」を使った料理があり、この「ピータン」も「蛋」の字を使い、「皮蛋」と書きます。

3-6 「たまご」と「コレステロール」について

　こんなに優秀な「たまご」なのに、「コレステロール」が含まれているという理由から、"「たまご」は1日に1個しか食べてはいけない"といった誤解をしている人が意外と多いのですが、これは間違いです。

　「たまご」には、「コレステロール」を除去する作用のある「レシチン」が多く含まれているため、毎日2個の「たまご」を食べても、ほとんどの人は血液中の「コレステロール値」が上がらない―という研究結果が出ているのです。

　また、平成12年7月に、アメリカの「たまご栄養学センター」のセンター長であるドナルド・マクナマラ博士は、"「たまご」の「摂取制限」は必要ない"と発表して学会の注目を集め、日本でも講演を行ないました。

　この博士は、約10万人の人を対象に、「1日に2個以上食べるグループ」と「1週間に1個未満のグループ」を比較し、「心臓病発生率」に差があるか調査しました。

　この結果、有意な差は見られませんでした。

　ただし、体質によって、「『コレステロール値』の上がりやすい素因をもつ人」や「アレルギーの人」「脂質異常症の人」など、摂り過ぎに注意したほうがよい方もいます。

　そのような方は、専門の医師に相談するといいでしょう（2007年7月に、「高脂血症」は「脂質異常症」に改名された）。

＊

　もともと、「『たまご』が『血中コレステロール』を増加させる」と誤解されるきっかけとなったのは、1910年代に旧ソ連のロシアで行なわれた、「ウサギ」を使った実験でした。

　「ウサギ」に「たまご」を与えて、その「血中コレステロール値」を測定したので

す。しかし、"草食動物である「ウサギ」に、動物性の脂肪を含む「たまご」を食べさせれば、「コレステロール値」が増加するのは当たり前である"と、科学者の間で疑問視され、信頼できないものと判定されました（「コレステロール」については、**第6章**で詳細に解説）。

【＊注記】
　ホームページ「たまご博物館」には、付属施設として「コレステロール研究所」というページがあります。
　この「コレステロール研究所」では、「たまご」と「コレステロール」に関する情報を、「初級編」「中級編」「上級編」に分けて掲載しており、段階的にコレステロールについて学べるようになっています。
　「上級編」では、「コレステロール」に関する学術論文を掲載しており、専門的な知識も得られます。ぜひご覧ください。
　http://takakis.la.coocan.jp/col.htm

3-7　「たまご」と「調理」について

　「たまご」は、調理の仕方によって、「消化時間」が変わることが知られています。

　「半熟たまご」の消化時間は「約1時間半」。「固ゆでたまご」や「目玉焼き」は、その倍の「約3時間」かかると言われています。

　「生たまご」のままでの消化時間は、「約2時間半」です。

　ここで言う「消化時間」とは、胃の中に滞留している時間なので、胃に負担をかけたくないときには、「半熟たまご」を食べると良いことになります。

＊

　ただ、一口に「たまご」と言っても、「卵黄」と「卵白」で性質は異なります。

　「脂肪」は「乳化」されて細かな粒子になっているほうが「消化吸収」がよいとされていますが、「卵黄脂肪」は最初から「微細粒子」（「卵黄球」と呼ばれ

る)となっています。

「卵黄球」は、衝撃に弱く、すぐにつぶれてしまうので、「目玉焼き」を作るとき
には、フライパンの低い位置から静かに割って落としたほうが口当たりもよく、おい
しく出来るのです。

＊

「卵黄脂肪」は、「水中油滴型」（「O/W型」とも言う：「O」は「Oil」、「W」は
「Water」）に「乳化」しているため、体に吸収されやすくなっています。

「水中油滴型」とは、水の中に細かな「油の粒子」が浮かんでいる状態のこ
とです。

混ぜ合わせる物質によって、この逆の「油中水滴型」（W/O型）という状態
もあります。

これらは、専門用語で「エマルジョン」と呼ばれ、「マヨネーズ」などの乳化製
品になくてはならない重要な特性の1つです。

＊

「マヨネーズ」も、「たまご」と同様に、どの家庭の冷蔵庫にもいつもあるものだ
と思います。

「マヨネーズ」は、18世紀にスペインのメノルカ島でフランス軍の指揮をとって
いた公爵が、港町マオンの料理屋で出会った肉に添えられたソースがきっかけで
した。

後に、これを公爵がパリで「マオンのソース」として紹介し、「マオンネーズ」と
呼ばれていました。その後、これがなまって「マヨネーズ」となったと言われてい
ます。

3-8　「たまご」による「食中毒事件」

　「たまご」は、先に示したように豊富な栄養素を含んでいます。

　しかし、これは食品に繁殖する「細菌」にとっても好都合なことになってしまいます。

　このため、取り扱いを間違えると、「食中毒」などの事故を招くこともあるのです。

　ここでは、栄養豊富であるがゆえの「落とし穴」である「食中毒」について見ていきましょう。

＊

　近年、「ノロウイルス」や「病原大腸菌 O-157」「サルモネラ」などの細菌による「食中毒」の発生が大きく報道されており、社会問題の1つとして取り上げられています。

　また、平成12年に発生した「牛乳」を原因食品とする全国にまたがる大規模な「食中毒」の被害は、あらためて私たちに「食品衛生」の大切さを教えてくれました。

　このような、食べ物による「食中毒」や「感染症」を防止する目的で、「食品衛生法」（昭和22年12月24日発布、法律第233号）が定められ、これに付随する「基準」や「規則」が制定されています。

＊

　「たまご」も、「食中毒」の原因食品としても登場したことがあります。

　特に、平成10年には「サルモネラ菌」（SE：サルモネラ エンティリティデス）による食中毒の報道などにより、「たまご」の消費量や価格にも影響が出たほどです。

　「たまご」自体を原因食品とする「サルモネラ食中毒」の患者数は、他の食品に比べて少ないのですが、身近な食材であるため、食中毒被害が出たときには、「『たまご』と『サルモネラ菌』」の関係が大きく取り上げられてしまうのです。

　「たまご」は「カラ付き」の状態だと意外と長持ちする食材ですが、いったん「カラ」を割ってしまうと、栄養価の高いものだけに、「細菌」にとって格好の棲み家になってしまいます。

　なにしろ、「たまご」は、細菌の培養試験の「培地（ばいち）」（シャーレに入った細菌検査用に使う容器）にも使われているくらいですから。

　一般家庭でも、「たまご」は「魚」や「肉」に比べると、安易に取り扱われていることが多いのではないでしょうか。

　このようなことから、「カラ付きたまご」についても法律（食品衛生法）の改正によって、平成11年11月1日より「賞味期限」の表示を行なうことが義務付けされました。

　「たまごパック」の「中の紙片」や「貼付してあるラベル」には、必ず「賞味期限」が表示されています。

　ここで、「賞味期限」と言われているのは、「生食できる期限」（生のまま食べられる期限）のことで、「加熱調理」をすれば、この期限が過ぎていても食べることができます。お間違えなく。

＊

　食品の期限表示には現在、「賞味期限」と「消費期限」があります。

　これは、農水省が制定している表示方法ですが、その違いが何かをご存知でしょうか。

　「賞味期限」と「消費期限」は、食品によって使い分けられています。

　表3-5に、それぞれの意味を示します。

表3-5 「賞味期限」と「消費期限」の違い

表示区分	意味
賞味期限	「たまご」をはじめ、「ハム」「ソーセージ」「レトルト食品」「スナック菓子」「缶詰」など、「冷蔵や常温で『比較的長期の保存』がきく食品」に表示してあります。 表示されている保存方法に従って保存したときに、おいしく食べられる期限を示しています。 ただし、「賞味期限」を過ぎても、食べられなくなるとは限りません。
消費期限	パックに入った「肉」や「魚」をはじめ、「弁当」「惣菜」「洋生菓子」など、「『長期の保存』がきかない食品」に表示してあります。 表示されている保存方法に従って保存したときに、食べても安全な期限を示しています。 できる限り、「消費期限」内に食べるように推奨されています。

　ちなみに、「たまご」の場合は、「賞味期限」が表示されています。

　「たまご」は、意外と「長期の保存」がきく食品で、条件が整った環境では採卵後、「約2ヶ月」(57日)の間は「生食」が可能となっています (詳細は、**第2章**の「経済学コーナー」に記述)。

> 【＊注記】
> 　「たまごの賞味期限」は、「サルモネラ菌」の増殖を考慮した「計算式」によって算出されています。
> 　「計算式」の詳細については、下記の「たまご博物館」のページを参照ください。
> http://takakis.la.coocan.jp/kigen-new.htm

　「たまごパック」に表示されている「賞味期限」が切れたからといって、捨ててしまう方がいますが、それは"もったいない"ことです。

　「賞味期限」後は、「加熱」して食べればいいのです。

　「たまご」の「賞味期限」＝「生食期限」なのですから。

＊

　「厚生省 生活衛生局 食品保健課」が公表した2021年 (令和3年)の「食中毒 統計調査」によると、「魚介類」「肉類」「乳類」「野菜」「キノコ」などのすべての食品を原因とする「食中毒」で、1年間で1万1千人を超える「食中毒患者」が出ています。

　この中には「毒キノコ」による「自然毒」のものも含んでいますが、思いのほか、「食中毒」は多く発生しているのです。

　「病因物質別（原因食品別）発生状況」では、「ノロウイルス」「病原大腸菌」「ウェルシュ菌」「アニサキス」（寄生虫）の順で患者数が多かったのですが、「卵類およびその加工品」による発生は、0件でした。（2011年は、5件で54人の患者が発生）

　これは、「たまご」のチルド（冷蔵）販売が進んだことや、消費者の食品取り扱いに対する安全意識が向上した賜物と言えるでしょう。

　死者数が突出している平成23年は、焼肉チェーン店での「和牛ユッケ」による「腸管出血性大腸菌食中毒」（死者数6人）が発生したことから、「食中毒」での死者総数は「11人」となっています（前年の死者数は「0」）。

　また、平成24年についても、「腸管出血性大腸菌食中毒」による死者数「8人」を含み、死者総数は前年と同様に「11人」となりました。

　平成28年（2016年）は、老人ホームで給食に出された「きゅうりの和え物」で、「腸管出血性大腸菌食中毒」による死者数10人を含み、死者総数が14人となっています。

　表3-6に、近年の「食中毒による死者数の推移」を示します。

表3-6 食中毒による死者数の推移

年　次	死者数	年　次	死者数
平成19年（2007年）	7	平成27年（2015年）	6
平成20年（2008年）	4	平成28年（2016年）	14
平成21年（2009年）	0	平成29年（2017年）	3
平成22年（2010年）	0	平成30年（2018年）	3
平成23年（2011年）	11	令和元年（2019年）	4
平成24年（2012年）	11	令和2年（2020年）	3
平成25年（2013年）	1	令和3年（2021年）	2
平成26年（2014年）	2		

　「食中毒」とは、飲食物中に「食中毒」を起こす「細菌」が付着したり、「有毒物」が混入したものを知らずに飲食したときに起こる、健康被害のことを言います。

　「たまご」による「食中毒発生」の一例をあげると、「納豆」に「たまご」をかけた状態で常温に放置しておいたために発生するなど、食品の取り扱いを誤ってしまったことによるものが多く発生しています。

　このようなことは、日頃から「食品の衛生管理」に気を付けていれば、防げるものなのです。

　ですから、特に、大量に調理したり、盛り付けに時間がかかるような、「旅館」「ホテル」「飲食店」「給食施設」などでは、「食品衛生」にとても神経を使い、「食中毒」の防止に努めているのです。

　厚生労働省のホームページには、「食品等事業者の衛生管理に関する情報」が掲載されており、その中には「大量調理施設衛生管理マニュアル」もあります。

【*注記】
　「たまご」と「サルモネラ菌」の関係（「イン・エッグ」「オン・エッグ」など）については、下記の「たまご博物館」の「鶏卵研究室」ページで、詳細に解説しています。
http://takakis.la.coocan.jp/kenkyuu.htm

3-9 「ブランド卵」の栄養はいかに

　近年、消費者の健康志向も高まり、これに呼応して「たまご」の付加価値を高めた、いわゆる「ブランド卵」が多く販売されています。

　「たまご」内に含まれる「ビタミン」や「ヨード」などの栄養を強化した「ブランド卵」は、鶏卵業界内において、従来「特殊卵」と呼ばれていました。近年では、「栄養強化卵」や「付加価値卵」と呼ばれています。

　これらの「ブランド卵」は、さまざまな「ネーミング」(商品名)が付けられ、「スーパー」や「デパ地下」の店頭などに多く並んでいます。

＊

　「ブランド卵」は、「普通のたまご」(「特殊卵」に対して「一般卵」または「普通卵」と呼ばれる)よりも価格が高いにもかかわらず、売行きは上昇傾向にあるようです。

　各「鶏卵メーカー」も、近年の「健康志向」や「鶏卵価格の低迷」を反映し、この「ブランド卵」の開発に力を入れていて、新商品もぞくぞく発売されています。

＊

　私は、「ブランド卵」(付加価値卵)について、大きく「4つ」のカテゴリに分類できるものと考えています。

　表3-7に、その「4つ」の定義を示します。

表3-7 「ブランド卵」の4つのカテゴリ

①	業界内で「特殊卵」と呼ばれる、いわゆる「栄養強化卵」(「ヨード卵」「DHA卵」「ビタミン強化卵」など)
②	鶏の「飼育の仕方」(「放し飼い」「有精卵」など)や「エサ」(自家配合飼料など)で差別化しているもの
③	「ブランド名称」の付与による差別化 (たとえば、インターネット販売をしようとすると、単なる「たまご」ではなく、「○○さんちのたまご」など、名称での差別化が必要)
④	「SE (サルモネラ)対策ずみ」など、「安全性」を前面に打ち出して差別化を図ったもの

　これらの「ブランド卵」は、「鶏」に与える「飼料」(エサ)に、「ミネラル」「ビタミン」「DHA」などの「脂肪酸」を添加して強化し、「たまご」に移行 (「鶏」が摂取した「エサ」から「たまご」に栄養分が移動すること)させたものが主流となっています。

　「昆布」などの「海草」に含まれる栄養分である「ヨウ素」を強化した、「ヨード卵 光」は、全国的に有名ですね。
　「ヨード卵 光」用の「たまごギフト券」(全国たまご商業 協同組合にて販売)があるくらいです。
　この「たまご」は、1976年に発売が開始され、横浜市にある日本農産工業 (株)が開発した「飼料」を使い、生産されています。

＊

　強化される栄養成分は、「飼料」(エサ)から「たまご」に移行 (蓄積)されますが、栄養素によって、「卵黄」と「卵白」のどちらに蓄積されるかは異なります。
　「栄養成分」のうち、主として「卵黄」に蓄積されるものは、「ヨウ素」「ビタミンA」「ビタミンE」などで、「リボフラビン」(ビタミンB2)は「卵黄」「卵白」の両方に蓄積されます。
　「脂肪酸」の1つである「リノール酸」は、「サフラワー油」や「大豆油」に多く含まれ、これらを「エサ」に添加すると、「リノール酸」の含有量の多い「たまご」が生産されます。
　「リノレイン酸」についても同様で、含有量の多い「エサ」を与えると、「リノレイン酸」の含有量の多い「たまご」が生産されるという具合です。

　近年、「DHA」(ドコサヘキサエン酸)や「EPA」(エイコサペンタエン酸)などの「脂肪酸」が、血中の「コレステロール」や「中性脂肪」を低下させ、さらには「脳の記憶」や「学習機能」を高める働きがある―と話題になっています。
　これらは、「魚油」(魚の油成分)中に多量に含まれていることから、これらを「酸化」させないように加工した「魚粉」などを飼料に添加すると、「DHA」や

「EPA」の含有量を増加させた「たまご」を生産できます。

　特に、「DHA」(ドコサヘキサエン酸)は、比較的容易に「たまご」に移行するので、「付加価値卵」(栄養強化卵)として、多く販売されています。

> 【＊注記】
> 　ホームページ「たまご博物館」の「特殊卵コーナー」では、私がこれまでに実際に購入して食べた「約1500種類」の「ブランド卵」を、50音順に掲載しています。
> http://takakis.la.coocan.jp/tokusyu.htm

3-10　人間にとって必要な「栄養」とは何か

　人間は、毎日、生きていくために「エネルギーの補給」が必要です。

　「肉体」だけではなく、「精神面」を維持していくためにも、必要な「エネルギー」を食べ物から摂取する必要があるのです。

　では、人間にとって必要な「栄養」とは何でしょうか。

　人間が食事で摂取した「栄養素」は、体内で「分解」(「異化作用」と言う)され、内臓の機能によって「吸収」し、体の成分に「転換」(「同化作用」と言う)しています。

　「異化作用」「同化作用」という言葉はあまり聞き慣れませんが、この2つの作用 (働き)をまとめた「新陳代謝」という言葉は、よくご存知だと思います。

　「栄養素」とは、「生物の成長」や「健康の維持・増進」など、正常な生理機能を営むために、摂取しなければならない物質のことを言います。

　この栄養素を大きく分けると、

　① タンパク質　② 糖質　③ 脂質　④ ビタミン　⑤ 無機質 (ミネラル)
の5つになり、これを「5大栄養素」と呼んでいます。

また、「3大栄養素」という言葉も用いられていますが、この場合は、

① タンパク質　② 糖質　③ 脂質

を示します。

②の「糖質」とは、「炭水化物」(でんぷん)のことです。

この3つの栄養素は、それぞれ1g当たりで、「タンパク質」が「4kcal」、「糖質」が「4kcal」、「脂質」が「9kcal」のエネルギーをもっています。

この3つの数値のことを、「アトウォーター係数」と呼んでいます。

*

栄養素には、それぞれ役割 (機能)があります。

「栄養素の機能」としては3つの機能があり、それぞれを、

① **熱量素** … 「熱」や「エネルギー」の素になる (糖質,脂質,タンパク質)

② **構成素** … 「血」や「筋肉」「骨」などのからだの組織を構成する素になる (タンパク質,無機質)

③ **調整素** … 「保全素」とも呼ばれ、からだの調子を整える役割をする (ビタミン、無機質)

の3つが担っています。

人間のからだを構成する成分は、「年齢」や「性別」などによって多少の差がありますが、基本は、「水分 (62.6%)」「タンパク質 (16.4%)」「脂質 (15.3%)」「無機質 (5.7%)」「糖質 (微量)」となっています。

「水」は、人間にとって無くてはならないものですが、その次に、「タンパク質」や「脂質」が重要であることが分かります。

「牛肉」や「豚肉」と同じく、「たまご」には、「タンパク質」や「脂質」が豊富に含まれています。

「たまご」は、消費者にとって「安価、栄養豊富、美味しい」という三拍子揃った、素晴らしい食材なのです。

第4章

養鶏学コーナー

30年前と比べて、「人件費」や「エサ代」が上がっているにも関わらず、「たまごの価格」がほとんど変わっていないのは、いったいなぜなのでしょうか。
それは、養鶏技術の進化によるものです。
ここでは、最新の「養鶏方法」などを見ていきます。
(http://takakis.la.coocan.jp/youkei.htm)

4-1 「鶏」と「人」の出会い（「養鶏」のはじまり）

　「鶏」は、動物学的に分類すると、「脊椎動物門－鳥類綱－鶉鶏目－雉鶏科－鶏属－鶏」に属しています。

　現在、広く飼育されている「鶏」の祖先は、「東南アジア」や「インド」に野生している「4種の野鶏」が「家禽化」（人間に飼育されること）されて出来た、と考えられています。

　その「4種」としては、

① 赤色 野鶏　…「マレー」「インド」「中国南部」をはじめ、アジア地域に広く分布

② セイロン野鶏 … セイロン島に生息

③ 灰色野鶏　…… インド南部に生息

④ アオエリ野鶏 … ジャワ島に生息

が知られています。

　これらの「野鶏」の中で、「赤色 野鶏」だけが、「鶏」との間の「一代雑種」（「F1」と呼ばれる）に繁殖力があり、他の3つの「野鶏」には繁殖力がないことから、「赤色 野鶏」のみが「現在の鶏の祖先である」という説が有力です。

　「鶏」は、「家禽化」された初期においては、「食肉用」と「卵用」に区別して飼われたのではなく、その両方をも兼ね備えたものでした。

　また、ある地方では、「鑑賞用」「宗教上の儀式用」「闘鶏（鶏同士を戦わせる）用」などとしても、飼育されていました。

　「鶏」を、「経済動物」として実用化に向けた「育種」を行なったのはローマ帝国時代からですが、近代的な「育種」をはじめたのはそのずっと後で、「卵用鶏」で「約180年前」、「肉用鶏」で「約70年前」からと言われています。

4-2 「養鶏」の方法

「たまご」は、どのような場所で、どのような方法で生産されているか、ご存知でしょうか。

*

「養鶏」といっても、まず大きく2種類に分けられます。

「たまごの生産」を目的とした「採卵用」と、「鶏肉の生産」を目的とした「食肉用」の2つです。

「食肉用の鶏」が「ブロイラー」(broiler)と呼ばれることをご存知の方は多いと思いますが、「採卵用の鶏」は、どのように呼んでいるのでしょうか。「採卵用の鶏」は、「レイヤー」(layer)と呼ばれています。

ここでは、「採卵用の鶏」である「レイヤー」の、「養鶏方法」(飼育方法)による違いなどについて見ていきましょう。

*

「採卵養鶏」の方法は、大きく、

①「ケージ飼い」　②「平飼い」　③「放し飼い」

の3つに区分できます。

それぞれ、どのような方法か紹介しましょう。

① ケージ飼い

「ケージ」とは、英語の「cage」(かご)のことです。

日本の「養鶏場」のほとんどが、この方法で飼育しています。

「養鶏場」の規模にもよりますが、1つの「鶏舎」内に設置している「ケージ」に、「数百～数万羽」の鶏を「1～数羽」ずつ、仕切って入れて飼っています。

アメリカやヨーロッパでも、この方法が主流です。

この「飼育方法」の利点は、カゴを積み重ねることによって、「放し飼い」で飼

育した場合に比べて、同じ面積でもより多くの「鶏」を飼育できます。
　つまり、狭い土地で「大規模養鶏」が可能となるのです。

　「ケージ飼い」が発展してきた理由の1つは、カゴに入れられた「鶏」が地面から離れているので、地中の「雑菌」の影響による病気が発生しにくい、という点にあります。

　また、「鶏のフン」はカゴのすき間から下に落ち、産まれた「たまご」はカゴの底面が傾斜しているので、すぐに「親鶏」から離れます。
　このため、「たまご」が「フン」によって汚れることも少ないのです。
　「ケージ飼い」は、もともと、このような「衛生面」の考慮からはじめられた飼育方法なのです。

　「ケージ飼い」の「鶏舎」（鶏を飼う建物のこと）には、
・「飼料」（エサ）を自動搬送する装置が設置してあるもの
・産まれた「たまご」を自動的に集める、「ベルトコンベア」を設置したもの
などがあり、「大規模 養鶏」や「『たまご』の大量生産」に、最も適した方法です。

　また、「ケージ飼い」の「鶏舎」には、「窓」がない「ウインドウレス鶏舎」と呼ばれるものがあります。
　この「鶏舎」は、通常の「鶏舎」（「開放鶏舎」と呼ばれる）とは異なり、外部と遮断されていることから、外部環境の影響を受けずに「飼育環境」をコントロールできるのが特徴です（内部照明の「点灯時間」で、「昼夜」をコントロールするなど）。

② 平飼い
　次に、「平飼い」とは、「鶏」を「ケージ」（カゴ）に入れず、「鶏舎」内を自由に動き回れるようにして飼う方法です。

「鶏舎」なので、「屋根」も付いています。

「鶏」は、「鶏舎」内に設置された「産卵箱」の中で、「たまご」を産みます。

近年の「グルメブーム」や「健康食 志向」で注目されており、「平飼い」を宣伝文句に謳った商品も、数多く出ています。

この方法は、「ケージ飼い」のように、産まれた「たまご」が「鶏」からすぐに隔離されないことから、「鶏」が温めはじめる前に、人手で集める必要があります。

このため、「ケージ飼い」よりも「人件費」がかかり、高価になってしまうのです。

この飼育方法は、「養鶏場 直売」や「特殊卵」(ブランド卵)などの、少量生産に向いています。

また、「雄鶏」と「雌鶏」を「混飼」(一緒に飼うこと)することによって、「有精卵」を生産できます。

「鶏」は、通常、「雄鶏」を中心に「ハーレム」(「雄鶏」1羽に対して「雌鶏」多数が取り巻くような状況)を形成するため、「有精卵」を生産するには、「雄鶏」1羽に対して「雌鶏」10羽くらいの飼育構成が適当とされています。

③ 放し飼い

最後に、「放し飼い」ですが、この方法は昔からの養鶏方法であり、屋内ではなく広い敷地で、自由に鶏が動き回れるようにして飼う方法です。

ただし、「夜間」や「雨」のときなどは、「鶏」は敷地内に設置された「鶏舎」(ニワトリ小屋)に入れます。

この飼育方法の場合、「敷地の広さ」と「飼育羽数」の関係は、「10m^2」に「10羽」程度が適当と言われています。

「放し飼い」は、「平飼い」と同様に、「たまご」を「鶏」が温めはじめる前に人手で集める必要があります。

このための「人件費」や「広い飼育場所」が必要なため、高価になってしまう

のです。

　「放し飼い養鶏」は、高級な「特殊卵」（ブランド卵）などの少量生産に向いています。

　この飼育方法も、「平飼い」と同様に、「雄鶏」と「雌鶏」を「混飼」（一緒に飼うこと）することで、「有精卵」を生産できます。

＊

　「放し飼い」は、「平飼い」の一種とも考えられ、飼育方法を大きく「ケージ飼い」と「平飼い」の2つに区分することもあります。

＊

　「ケージ飼い養鶏」では、近年、大規模な「鶏卵 生産場」に「ウインドウレス鶏舎」が導入されています。

　「ウインドウレス鶏舎」とは、「窓」（ウインドウ）のない（レス）ことから、このように呼ばれている、「鶏舎」の形式です。

　内部は、コンピュータによって「管理」「制御」されており、「温度管理」「光量管理」「給餌」「集卵」などが全自動で行なわれます。

　「給餌（エサやり）」や「集卵（卵を集めること）」「フンの処理」には、「ベルトコンベア」などが使われ、集中管理できるようになっています。

　この「ウインドウレス鶏舎」に対して、一般の「鶏舎」は、「開放 鶏舎」と呼ばれています。

　本来の「ウインドウレス鶏舎」は、「窓」のない閉鎖環境のものですが、「鶏」をより自然に近い形で飼育するということから、「セミウィンドウレス鶏舎」というものもあります。

　この「セミウィンドウレス鶏舎」は、「ウインドウレス鶏舎」と「開放鶏舎」のよい点を組み合わせたような「鶏舎」で、「外光」（太陽光）を取り入れるなど、「鶏」にとって自然に近い環境となっているのが特徴です。

＊

　「放し飼い養鶏」「ケージ飼い養鶏」「平飼い養鶏」「ウインドウレス鶏舎」の実例については、**画像4-1〜4-5**に示します。

画像4-1 放し飼い養鶏（東北牧場）

画像4-2 ケージ飼い養鶏（丸ト鶏卵）

画像4-3 平飼い養鶏（井上養鶏場）

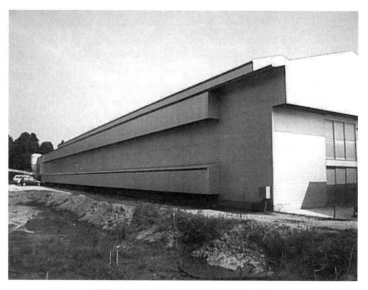

画像4-4 ウインドウレス鶏舎（大栄ファーム）

画像4-5 「ウインドウレス鶏舎」の内部

4-3 「養鶏場」の一日

　ここでは、「採卵 養鶏場」の「鶏舎」の中で、どのような作業が行なわれているのかを、時間を追って見ていきましょう。

＊

　ここに紹介しているのは、一般的な「ケージ飼い」の「中規模養鶏場」の例です。

　大規模な「ウインドウレス鶏舎」などでは、「タイマー」を使って自動的に「集卵」した後、「ローラーコンベア」で直接「GPセンター」に搬入します。

　そこで、「たまご」の、「洗卵」「選別」「パック詰め作業」を行なうところ（「インライン方式」と言う）もあり、作業内容や時間は、「飼養羽数の規模」や「養鶏場の設備」などによって異なります。

表4-1「養鶏場」の一日

時 刻	鶏舎内での作業など
午前4:00頃	・「鶏舎」内の「電灯」が灯る（「タイマー」で自動化）。 ・「電灯」が灯ることで、鶏は「朝がきた」と思い目覚める。
午前4:30頃	・「自動給餌機」により、飼料（エサ）を与えはじめる。 （「タイマー」で自動化）
午前9:00頃 〜午後3:00頃	・集卵作業（産まれた「たまご」を集める作業）を行なう。 ※養鶏場の規模によって、人手で集めるところや、ベルトコンベア式の機械で自動的に集めるところもある。
午後4:00頃	・集めた「たまご」の、分別作業を行なう。 ※「汚れたもの」「キズがついたもの」「規格外（極端に大きい、小さい）のもの」などを分別する。 　「GPマシン」を使って、自動分別するところもある。
午後4:30頃	・「鶏舎」内を見回って、「鶏の状態」や「環境」（温度や湿度など）をチェックする。
午後5:00頃	・1日の作業を終える。

　「鶏」に「エサ」を与える回数は、「養鶏場」によって異なります。

　「1日ぶん」を「3〜5回」に分けて与えるところや、「2日ぶん」を「1回」で与えるところ（「鶏」は2日かけて食べる）もあります。

　また、大規模な「ウインドウレス鶏舎」などの自動化された「システム鶏舎」では、「餌とい」の中を「飼料」が一日中循環しているものもあります。

4-4　「鶏」の「品種」について

　「鶏」の品種のことを、「鶏種」と言います。

　この「鶏種」は、国内だけではなく、特に海外で多くのものが「作出」（開発）されています。

　これらの「鶏」は、業界用語で「コマーシャル鶏」（実用鶏）と呼ばれています。

　表4-2に、「コマーシャル鶏」の主な「鶏種」と、その特徴を示します。

表4-2 主な「鶏種」と特徴

鶏 種	特 徴
白色レグホン	・「白玉」の「採卵鶏」として、最も有名な「鶏種」 ・「白レグ」「ホワイト レグホン」とも呼ばれる ・イタリアで「作出」され、アメリカで「改良」を重ねられた品種
ゴトウ交配種 さくら	・「後藤孵卵場」(岐阜県)で開発された、純国産の「鶏種」 ・「卵殻」は丈夫で、美しい「濃いさくら色」 ・平成15年に作出された「さくらNEO」が最新型
ゴトウ赤玉鶏 もみじ	・「後藤孵卵場」(岐阜県)で開発された、純国産の「鶏種」 ・卵殻良好で卵の形が良い。美しい「褐色卵」 ・各種「鶏病」に対する抵抗性がある
黄斑プリマスロック	・「卵肉兼用種」で、「肉質」は最高と言われている ・「卵質」もよく、「自然卵養鶏」に最適と言われている
ロードアイランド・レッド	・アメリカのロードアイランド州が原産 ・「卵肉兼用種」
イサ・ホワイト	・生存率「94%」、50%産卵日齢「143日」の「白玉鶏」 ・平均卵重「61.7g」、ハウユニット87
イサ・ブラウン	・フランスのイサ社の「作出」による「種鶏」 ・「卵殻」は強い ・美しい「卵殻色」で、色のバラツキが少ない ・赤玉市場のヨーロッパでシェア1位 (約60%のシェア)
エルベ	・優れた産卵性能 (産卵ピーク95〜96%) ・小型化した体重による、飼料要求率の向上
コーラル	・美しい「ピンク卵」で、「白色卵」に優る生産性 ・色褪せしない、よく揃った強い卵殻
シェーバー ブラウン	・丈夫であり、「良質卵」を産む「赤玉鶏」の王者 ・「育成率」「生存率」が良い、「高産卵」で持続力がある ・卵殻は「濃褐色」で、「卵内品質」も良い
シェーバー ホワイト	・丈夫で良質卵を産む ・「育成率」「生存率」が良い (開発元:SHAVER社)
シェーバー EX	・生存率「94%」、50%産卵日齢「145日」の「白玉鶏」 ・平均卵重「62.2g」、ハウユニット87
ジュリア	・「卵重」追求型の「白玉鶏」(開発元:Lohmann社) ・抜群のハウユニット、高い「卵量」 ・優れた「産卵持続性」、改良された「抗病性」
ダイヤクロス SH	・日本種鶏協会「産卵能力 経済検定」にて、4年連続で最優秀賞を受賞
デカルブ・ホワイト	・優れた「育雛」「育成率」で、成鶏期の生存率が良い ・「ピーク産卵率」が高く、「産卵持続性」に優れている
デカルブ・ブラウン	・卵殻色は美しい「赤褐色」、早熟で優れた「産卵性能」 ・優れた「卵殻質」「卵内質」「飼料要求率」

デカルブ・エクセルリンク	・デカルブの「白玉鶏」 ・「適応性」「収益性」に優れ、すばらしい性能と実績をもつ
デカルブ・ラムダ	・デカルブの「白玉鶏」で、「ヘンハウス産卵数」が多い ・早期に「卵重」が大きくなり、「飼料要求率」が優れている
デカルブ・ゴールド	・デカルブの「赤玉鶏」、美しい「赤褐色」の大卵を産む ・「早熟」で、「初産」も「産卵の立ち上がり」も早い
デカルブ・ラムダ	・デカルブの「白玉鶏」、早期に「卵重」が大きくなる ・「ヘンハウス産卵数」が多い、「飼料要求率」が優れている
デカルブ TX	・生存率「95%」、50%産卵日齢「141日」の「白玉鶏」 ・平均卵重「61.0g」、ハウユニット82
バブコックB	・生存率「95%」、50%産卵日齢「144日」の「白玉鶏」 ・平均卵重「61.5g」、ハウユニット88
ネラ SL	・世界注視の「オランダ鶏」。黒色羽毛の「赤玉鶏」 ・「放し飼い養鶏」「差別化卵」に最適
ハイライン ソニア	・高産卵の「ピンク卵鶏」(開発元:Hy-Line社)
ハイライン マリア	・効率追求型の「白玉鶏」 ・抜群の「ハウユニット」と「卵殻質」(開発元:Hy-Line社) ・「大きい初期卵重」「抗病性育種」による高い生存率
ハイライン ローラ	・安定持続型の「白玉鶏」 ・飼育が容易で、「高い生存率」「安定した産卵成績」をもつ
ボバンス L (ニーナ)	・高卵量の「白卵鶏」(開発元:BOVANS社) ・「高産卵」「高いハウユニット」「強い卵殻」
ボバンス WL	・世界注視の「オランダ鶏」 ・「飼料要求率」「強健性」に優れる ・「卵殻質」「卵質」が高く、「経済性」の良い「採卵鶏」
ボリス ブラウン	・「赤玉鶏の王者」と呼ばれている、効率の良い「赤玉鶏」 ・「白玉鶏」に匹敵する生産性の高い鶏 ・「卵殻色」は濃く均一で、「血斑」や「肉斑」が少ない
ハーバード・コメット	・米国原産の「小躯」(体が小さいこと)、「少食鶏」である ・産卵ピーク時体重は「1.75kg」である
シェーバー・スタークロス 579	・アメリカ農務省が実施した「全米、カナダ鶏種別テスト」の「赤玉鶏」 　部門で最優秀の実績をもつ
ハイセックス・ブラウン	・「白玉鶏」に負けない生産性で、最終体重は「2.2kg」と、大型ではない
ハイライン・ブラウン	・高い「産卵性能」をもつ(「ピーク産卵率」:90〜93%)
名古屋コーチン	・庭先養鶏や「愛玩用」として長く親しまれている鶏種 ・「卵肉兼用種」で、どちらともにコクのある味
白色プリマスロック	・アメリカで作出された「卵肉兼用種」 ・「ドミーク種」と「コーチン」や「ブラマ」を交配させたものである
ミノルカ	・地中海のミノルカが原産地の「鶏」 ・イギリスとアメリカで改良され、「卵用種」として使用

「卵肉兼用種」とは、「採卵用」（レイヤー）にも「食肉用」（ブロイラー）にもなる「鶏種」のことを言います。

この「卵肉兼用種」としては、「名古屋コーチン」が有名です。

4-5 日本にはどのくらい「養鶏場」があるのか

世界でもトップレベルの「たまごの消費量」を誇る日本ですが、日本国内にはどのくらいの数の「養鶏場」があるのでしょうか。

表4-3に、国内の「飼養 戸数」（「養鶏場」の数）と「飼養 羽数」（飼育されている「採卵鶏」の数）の推移を示します。

各年とも、2月1日時点の数値ですが、平成17年は2005年 農林業センサス、平成22年は2010年 世界農林業センサス、平成27年は2015年 農林業センサス実施年、同様に令和2年は2020年 農林業センサス実施年で調査休止のためデータがありません。

表4-3 日本の「飼養 戸数」と「飼養 羽数」の推移
（平成4年まで：農林水産省統計情報部「鶏卵食鳥流通統計」、
平成5年以降：農林水産省 大臣官房統計部「畜産統計」より）

年	飼養戸数（戸）	飼養羽数（千羽）	年	飼養戸数（戸）	飼養羽数（千羽）
昭和50年	507,300	154,504	平成23年	2,930	175,917
昭和60年	123,100	177,477	平成24年	2,810	174,949
平成 元年	94,400	190,616	平成25年	2,650	133,085
平成 5年	7,860	188,704	平成26年	2,560	133,506
平成10年	4,990	182,644	平成27年	−	−
平成15年	4,340	176,049	平成28年	2,440	134,569
平成16年	4,090	174,550	平成29年	2,350	136,101
平成17年	−	−	平成30年	2,200	139,036
平成18年	3,600	176,955	令和元年	2,120	141,792
平成19年	3,460	183,244	令和2年	−	−
平成20年	3,300	181,664	令和3年	1,880	140,697
平成21年	3,110	178,208	令和4年	1,810	137,291
平成22年	−	−			

　「飼養戸数」(養鶏場の数)は年々、急激に減少していますが、「たまご」の生産量はほとんど変わっていません。

　これは、1戸当たり(1養鶏場当たり)の「飼養羽数」(飼っている鶏の数)が増加しているためです。

　つまり、「小規模な養鶏場」が減少している反面、「大規模な養鶏場」の「飼育する羽数」が増加していることを意味しています。

　では、「鶏」を多く飼っている「上位5県」とその「飼養羽数」、および「全国の飼養羽数」の推移をご紹介しましょう。

　表4-4に、「採卵用 成鶏」(雌)の「飼養 羽数」の上位5県における、令和4年、平成30年、平成24年と平成14年のデータの比較を示します
　「成鶏」とは、「大人の鶏」のことで、「産卵前のヒナ鶏」は入っていません。

　各年とも2月1日時点の数値で、単位は「千羽」です(農林水産省 大臣官房統計部「畜産統計」より)。

表4-4 上位5県における「採卵用 成鶏」(雌)の「飼養 羽数」の推移
(農林水産省 大臣官房統計部「畜産統計」より)

令和4年		平成30年		平成24年		平成14年	
県　名	飼養羽数 (千羽)	県名	飼養羽数 (千羽)	県　名	飼養羽数 (千羽)	県　名	飼養羽数 (千羽)
茨　城	12,330	茨　城	11,169	茨　城	10,405	鹿児島	8,412
千　葉	10,475	千　葉	9,448	千　葉	9,121	茨　城	8,137
鹿児島	8,681	鹿児島	7,292	愛　知	7,709	愛　知	7,937
愛　知	7,642	岡　山	7,380	鹿児島	7,376	千　葉	7,509
岡　山	6,551	広　島	6,738	広　島	6,456	広　島	6,086
上位5県計	45,679	上位5県計	42,027	上位5県計	41,067	上位5県計	38,081
全国計	137,291	全国計	138,981	全国計	174,949	全国計	137,087

　この表の「全国計」を見ると分かりますが、日本では「採卵用」(成鶏)の「鶏」だけでも、「1億3千万羽」以上います。

　令和5年の日本の人口が「約1億2,449万人」ですから、「人」よりも「鶏」の

ほうが個体数は多いのです。

これに、「ブロイラー」(食肉用の鶏)が加わると、人口をはるかに超えてしまいます。

ちなみに、令和4年2月時点で飼育されていた「ブロイラー」の数は、「約1億3,923万羽」です。

*

次に、「たまご」の生産量の多い都道府県を見てみましょう。

「鶏卵 生産量」の上位10位までを、表4-5に示します。

令和元年の上位10都道府県での合計は「1,311,230トン」で、国内全体の約半数 (50.9%)を占めています (全国の鶏卵生産量は「2,574,255トン」)。

表4-4と一緒に見ると分かると思いますが、「飼われている『鶏』の数」と「『たまご』の生産量」は、必ずしも比例していません。

表4-5 「鶏卵 生産量」の多い上位10都道府県
(出典:農林水産省「平成23年および令和元年 鶏卵流通統計 調査結果」より)

順位	都道府県	平成23年 生産量 (単位:トン)	順位	都道府県	令和元年 生産量 (単位:トン)	順位	都道府県	令和3年 生産量 (単位:トン)
1	茨城	188,124	1	茨城	234,209	1	茨城	216,195
2	千葉	183,803	2	鹿児島	187,797	2	鹿児島	183,220
3	鹿児島	169,212	3	千葉	166,471	3	岡山	137,575
4	広島	121,458	4	岡山	136,443	4	広島	134,739
5	岡山	118,409	5	広島	135,443	5	栃木	110,016
6	北海道	104,220	6	栃木	107,030	6	群馬	108,882
7	新潟	102,499	7	青森	105,236	7	静岡	107,316
8	愛知	102,204	8	愛知	104,732	8	千葉	106,605
9	青森	89,749	9	北海道	102,885	9	愛知	103,490
10	兵庫	82,905	10	三重	99,440	10	青森	103,192

4-6 「たまご」は「雌鶏」しか産めない

　当然のことですが、「たまご」は、「雌鶏」しか産むことができません。

　「たまご」は孵(かえ)るまでは、「雄」か「雌」か分からないので、「孵化場」で「ヒヨコ」が孵ってから、「雄」と「雌」を選り分ける必要があります。

　生まれたばかりの「ヒヨコ」の「雄雌」を瞬時に見分けるエキスパートが、「初生ひな鑑別師」という人達です。

*

　「初生ひな(しょせい)」とは、「生まれたばかりのヒヨコ」のことを言います。

　「初生ひな」の鑑別には、非常に鋭敏な「指先の感覚」が求められます。

　この「鑑別師」は、昭和初期に資格検定制度がスタートしました (昭和5年に「初生雛鑑別師」という職業が誕生)。現在では、農林水産省の指導による民間資格となっています。

　これまでの資格取得者数は「約800名」で、日本人の「鑑別師」は指先が器用なことから、鑑別率「99.5%」以上という正確さで、世界的に評価が高く、1930年台には、アメリカやヨーロッパ (特にイギリス、フランス) など、海外からもひっぱりだこでした。

*

　では、どのようにして「雌雄」を鑑別 (判断)するのでしょうか。

　人手による「ヒナの鑑別法」は、「指頭鑑別法」または「肛門鑑別法」と呼ばれています。

　この方法は、「初生ヒナ」の「総排泄腔(そうはいせつくう)」(鶏のおしりの穴)の腹側にある「小突起」(退化交尾器)の有無によって判定するもので、「小突起」があれば「雄」、無ければ「雌」ということになります。

　鑑別の仕方ですが、

［1］「左手」で「ヒナ」を持ち、「右手の中指」で「肛門」をやや上方にあげる気
　　持ちで、下に引く
［2］「右手の親指」で「ヒナの腹部」を軽く押し上げる
［3］「総排泄腔」の腹側にある、「小突起」の有無を確かめる

といった手順で行ない、熟練すれば、「5〜6分」で「100羽」を鑑別できるそう
です。

　この「雌雄鑑別」は、「食肉用の鶏」である「ブロイラー」には無関係（飼
育の都合により鑑別されることもあります）ですが、「採卵用の鶏」である「レイ
ヤー」にとっては、大変重要で欠かせない作業なのです。
　もし、「採卵用の養鶏場」に「雄鶏」が納入されたとしたら、「たまご」を産まな
いのに、「エサ」だけを消費することになりますから。

写真4-1 「ヒヨコ」の「雌雄鑑別」

写真4-2「肛門鑑別」の様子

＊

　以上のように、「ヒナの雌雄鑑別」は、特殊な技能が必要なものですが、鑑別資格のない人でも鑑別が可能なようにするため、近年、「ヒナの外見」から「雌雄」の鑑別ができるように、改良された「鶏種」が開発されました。

　外見から判断する方法としては、「羽根の形状」から「雌雄」を鑑別する「翼羽鑑別法」、「雄」と「雌」のからだの模様が異なることを利用した「カラー鑑別法」（「雌」のみに背中に縞模様がある、など）などがあり、「鶏種」の開発メーカーであるデカルブ社やローマン社によって、実用化されています。

　「翼羽鑑別法」は、「主翼の発育の遅速」を利用した鑑別方法で、「雄」と「雌」の「ヒヨコの主翼」の外見が異なることから鑑別します。
　これは、「伴性遺伝」に基づくもので、「実用鶏」（コマーシャル鶏）として広く飼育されている「横斑プリマスロック種」の「雌」と、「白色レグホン種」の「雄」をかけ合わせると、「雌ビナ」は「主翼羽の伸び」が「速く」、「雄ビナ」は「遅い」ので、これを確認することによって鑑別できるのです。

写真4-3 翼羽鑑別（上が「雄」、下が「雌」）

*

では、この鑑別によって「雄」と鑑定された「ヒヨコ」は、どうなるのでしょうか。

「採卵用の鶏」と「食肉用の鶏」は、品種がまったく異なります。

「採卵用の鶏」は、「たまご」を多く産むように開発されたものですし、「食肉用の鶏」は、速く成長して「柔らかい肉質」となるように開発されたものだからです。

ですから、「採卵用」として産まれた「ヒヨコ」（雛）は、食肉用としては使えません。

数十年前は、「雄のヒヨコ」は、「毛皮」に利用された「ミンク」という動物の「エサ」などに利用されていました。

しかし、「毛皮」の流通が減少した現在では、利用価値がなくなり、かわいそうですが「産業廃棄物」として処理されています（「炭酸ガス」で「安楽死」されている）。

このように、「養鶏業界」では、より効率良く生産できるように、日々努力してい

るのです。

　「美味しく、栄養豊富で、安価」と三拍子揃った「たまご」は、このようにして生産されています。

　日本の「養鶏／鶏卵」業界の発展のためにも、もっと消費者に「たまご」を食べていただきたいものです。

【*注記】
　ホームページ「たまご博物館」の「養鶏学コーナー」の最後の項には、「養鶏で使われる用語集」があります。
　「養鶏」の専門用語について、分かりやすく解説しているので、これから養鶏業界に入る方に役立つと思います。URLは、下記の通りです。
　http://takakis.la.coocan.jp/youkei.htm#debiiku

4-7　「ワクチネーション」とは

　「『人間』の赤ちゃん」に「三種混合ワクチン」などがあるように、「『鶏』の赤ちゃん」（初生ひな）にも、病気予防のために「ワクチン」が接種されています。

　「人間」でいうところの「年齢」は、「鶏」では「日齢」で表わすのが「養鶏業界」では一般的です。

　「『鶏』の成長」に合わせて「ワクチン」を投与していくスケジュールを、「ワクチネーション」と呼んでいます。

　つまり、「ワクチネーション」とは、「鶏の日齢」に応じた「ワクチン」を接種する“プログラム”のようなものです。

　表4-6に「ワクチネーション」の一例を、また表4-7に「ワクチン」および「鶏病」（鶏の病気のこと）の略号表記（主なもののみ掲載）を示します。

表4-6 「ワクチネーション」の一例

接種時期（日齢）	ワクチン	接種方法
1日齢（ふ化日）	MD（凍結生）	皮下接種
	FP（乾燥生）	皮下接種
15日齢までに	NB（混合生）	点眼または点鼻
30日齢頃	NC（混合不活化）	筋肉内
60日齢頃	NB（混合不活化）	筋肉内
	NB（混合生）	点眼または点鼻
120日齢頃	NBC（混合不活化）	筋肉内
120日齢以降	ND（不活化）	筋肉内
緊急時	ND（不活化）	筋肉内

表4-7 「ワクチン」と「鶏病」の略号

ワクチンの略号	鶏病（略号）
NB	「ニューカッスル病」（ND)と「伝染性気管支炎」（IB)の混合ワクチン
ND	ニューカッスル病ワクチン
IB	伝染性気管支炎ワクチン
NC	「ニューカッスル病」（ND)と「伝染性コリーザ」（IC)の混合ワクチン
NBC	「ニューカッスル病（ND)」「伝染性気管支炎（IB)」「伝染性コリーザ（IC)」の混合ワクチン
FP	鶏痘ワクチン
MD	マレック病ワクチン

Column 養鶏研修所

　ホームページ「たまご博物館」の付属施設として、「養鶏研修所」があります。このページでは、養鶏業界のプロの方向けの情報を掲載しています。

　研修コースのメニューは、下記の通りです。

①規格外卵の分類

②鶏卵内質異常

③孵卵管理

④鶏胚の成長

⑤デビーク

⑥主翼羽の発達

第5章

加工学コーナー

カップ麺に入っている、フリーズドライの「乾燥たまご」など、「たまごの加工品」には、さまざまなものがあります。

ここでは、その「種類」や「製造過程」などを、紹介しています。

金太郎飴のような、長さが30cmもある長いゆでたまごー「ロングエッグ」も登場します。

(http://takakis.la.coocan.jp/kakou.htm)

5-1 「加工卵」とは

　普段、私たちが目にする「たまご」は、「スーパー」などで購入する、産まれたままの形の「殻付卵」ですが、「たまご」は、たとえば「粉卵」と呼ばれる粉状のものなどに姿を変えて、さまざまな「加工用原料」として利用されています。

　ここでは、そのような「たまごの加工品」について、どのようなものがあるか、また、どのように利用されるかを見ていきます。

＊

　国民一人当たりの「たまご」の消費量は、世界の中で日本はトップレベルです。

　特に、今まで「たまご」の消費が多かった欧米諸国が消費量を下げているのに対して、我が国の消費は、わずかながらも「増加」の傾向が見られます。

　したがって、「たまご」の消費における日本の優位は、今後とも続くものと考えられています。

　このことは、「物価の優等生」と言われる「たまご」の、「低価格」と「高栄養価」を考えると、大変好ましいことです。

　現在、日本では年間に「約250〜260万トン」の「たまご」（鶏卵）が消費されています。

　その約6割は、「鶏卵 選別 包装 施設」（Grading and Packing Center：GPセンター）で、「洗卵」「選別」「包装」されて、「殻付卵」のまま—いわゆる、「テーブル・エッグ」として食卓にのぼっています。

　残りの4割は、「外食業務用」あるいは「加工用」として消費されているのです。

　表5-1に、主要国の国民一人当たりの「鶏卵 消費量」を示します（単位：個／人・年）。

　表は、2010年の消費量の順位で並べています。

表5-1 主要国の「鶏卵 消費量」
(出典：International Egg Commission＝国際鶏卵協議会)

国 名	2000年	2006年	2010年	2017年	2021年
メキシコ	-	351	365	363	409
日 本	328	324	324	333	337
中 国	-	340	295	307	274
アメリカ	256	256	247	276	285
ニュージーランド	207	216	230	246	237
ドイツ	223	209	214	230	238
イタリア	218	219	210	215	213
スウェーデン	197	198	207	235	232
オーストラリア	156	155	198	244	260
カナダ	188	187	195	242	253

「IEC」(International Egg Commission)のデータによると、2000年までは、「日本」が世界一の国民一人当たりの「鶏卵 消費量」となっています。

ただし、それまでは、「メキシコ」における消費量のデータ (報告)がありませんでした。

2006年からは、「メキシコ」のデータが報告され、「日本」を超える消費量であることが判明し、現在では「日本」は、世界で第2位の「鶏卵消費国」(国民一人当たり)とされています。

「メキシコ」は、朝食でオムレツなどの「たまご料理」が定番となっていることから、消費量が多いものと考えられます。

＊

「たまご」は、「外食業務用」「加工用」として消費される場合は、「殻付卵」のままで使われることもありますが、取り扱いの簡便性に欠けることから、あらかじめ「割卵」(「たまご」を割ること)し、殺菌された「液卵」として使われる場合が多いのです。

あらかじめ「割卵」されていることから、使用場所で「たまご」を割る作業が不要であり、ゴミとなる「たまごのカラ」が出ない、という利点があります。

また、「液卵」には、冷凍した「凍結卵」もあり、「生」に比べて保存性に優れています。

＊

　「たまご」の消費の増加に伴って利用の用途も増え、その内容も著しく多様化してきています。

　特に、「液卵」「凍結卵」「乾燥卵」などの「加工卵」は、「取り扱い」や「保存性」の面から生産が増加していて、「たまご」の利用における「加工卵」の役割は、大変重要になっています。

　これら「加工卵」は、「ケーキ」や「カステラ」などの「製菓」や「製パン」「乳製品」「肉製品」など、さまざまな「加工食品」の原料として広く用いられています。

　そればかりでなく、「医薬品原料」として、「特定の卵成分」（卵白に含まれる「リゾチーム」など）を分離精製する原料にもなっているのです。

5-2 「加工卵」には、どのようなものがあるのか

　「加工卵」には、どのようなものがあるのでしょうか。

　ここでは、「加工卵」について、「種類」「特徴」「利用方法」を見ていきましょう。

＊

　「加工用」「業務用」として消費されている「たまご」の多くは、「マヨネーズ」に代表される「ドレッシング」類や、「ケーキ」「カステラ」などの「製菓・製パン」類の製造に広く用いられています。

　さらに、「風邪薬」などの「医薬品」「皮膚用クリーム」「栄養剤」「界面活性剤」としても、「たまご」の成分が利用され、とりわけ「卵黄レシチン」が素材となっている「リポソーム」（liposome）は、「ガンの治療薬」の優れた担い手として、有望視されています。

　また、「卵黄」に含まれている「コリン」は、「脳」内にある、「記憶」や「学習」

に深い関わりをもつ神経伝達物質─「アセチルコリン」のもとになるもので、「アルツハイマー病」をはじめとする「認知症」の「治療薬」として、期待されているのです。

＊

「たまご」の加工は、以下の2種類に分類されています。

① **一次加工** … 「卵製品」(「ドレッシング」や「カステラ」など)の「原料調整」としての加工

② **二次加工** … 「卵製品」を製造するための加工

＊

「一次加工」としての「加工卵」は、「殻付卵」を「割卵」(かつらん)(たまごを割ること)し、「卵殻」(カラ)と「卵殻膜」(うす皮)を取り除いて、中身だけを取り出したものを言います。

形態としては、「液状卵 (liquid egg)」「凍結卵 (frozen egg)」「乾燥卵 (dried egg)」「濃縮卵 (condenced egg)」に分けられます。

これらは、それぞれ「全卵タイプ」のもの、「卵黄」のみのもの、「卵白」のみのものがあり、用途によって使い分けられています。

「液状卵」は、単に「液卵」(えきらん)と呼ばれ、また、「乾燥卵」は粉状であることから、「粉卵」(ふんらん)とも呼ばれています。

「二次加工」としての「卵製品」は、(a)「マヨネーズ」に代表される「ドレッシング類」、(b)「カステラ」や「ケーキ」などの各種「製菓・製パン類」、それに、(c)「医薬品」としての「リゾチーム」「レシチン」などがあります。

また、特殊な「卵製品」としては、中華料理の前菜などに使われる「皮蛋(ピータン)」「燻製卵」(くんせいらん)などがあります。

＊

では、最初に、「マヨネーズ」の製造などになくてはならない、「液卵」について、詳細に見ていきましょう。

　「液卵」は、「マヨネーズ工場」をはじめ、「カステラ・ケーキ工場」「厚焼きたまごの製造工場」など、「たまご」を大量に消費する場所で活躍しています。

　この「液卵」を製造するには、「たまご」を割って中身だけにしなくてはなりませんが、この「割卵」を素早く行なってくれるのが、「高速 割卵機」です。

　「高速 割卵機」の全景写真を**写真5-1**に、「黄身」と「白身」を分離している部分の写真を**写真5-2**に示します。

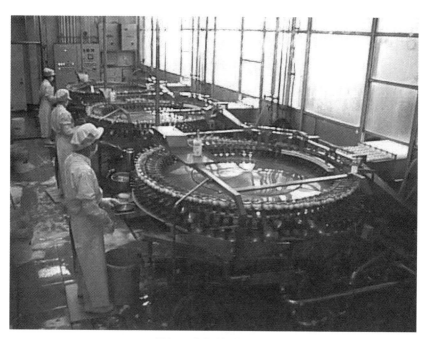

写真5-1 高速 割卵機（全景）

写真5-2 「黄身」と「白身」の分離

　写真5-1が、「高速 割卵機」の全景です。

　この「液卵 製造工場」では、「高速 割卵機」が3台並んで設置されています。

　1台ごとに1人のオペレータがついていますが、この人達は、マシンでうまく「割卵」できなかったときや、「不良卵」が混入していたときに、その「取り除き」などの作業を行ないます。

　このマシンは、サノボ社（Sanovo：デンマーク）製のもので、1台が数千万円します。

　右側の仕切り窓（壁）の向こう側は、「洗卵」をしている部屋で、「洗卵」された「たまご」は、「ベルトコンベア」によって仕切りに空いている窓から、マシン1台に対して6列で流れてきています。

　この3台が一日に処理できる「たまご」は、「約24トン」で、個数にすると、「約

40万個」です。

　「割卵」作業中は、マシンの大きな丸い部分が常時回転していて、次々と「たまご」を処理していきます。

　写真5-2は、マシンの回転部分の接近写真です。

　回転部分が3段から出来ているのが見えますが、いちばん上段に白く写っているのは、「割卵」された「たまごのカラ」です。

　その下の二段目に、カップ状のものがあり、その中に「卵黄」が1個ずつ入っているのが見えます。

　また、その下にある三段目のカップには、分離された「卵白」が入っているのが分かります。

　家庭にもある「たまごセパレータ」と同様の原理で、「黄身」と「白身」が分離されるのです。

　このマシンの回転部分は、「反時計回り」の方向に回転しています。

　奥に見える「たまご」の列が、最初に「割卵」され、二段目のカップで「卵黄」と「卵白」を分離し、「卵白」のみを三段目のカップに落とします。

　このカップに取り分けられたものを一緒にすると「全卵タイプ」の液卵になり、それぞれを別々に回収すると「卵黄のみ」「卵白のみ」の「液卵」になります。

　これらが、低温殺菌後、最終工程で容器詰めにされて、出荷されていくのです。

＊

　「割卵機」メーカーとしては、「キューピー（Q.P.：日本）」「サノボ（Sanovo：デンマーク）」「セイモア（Seymour：アメリカ）」「コロンバス（Columbus：オランダ）」などがあり、毎分「100〜1,000個」の「たまご」を、「割卵」「分離」する機種が発売されています。

5-3 「液卵」は、このようにして作られる

　「液卵」(「液状卵」とも言う)の製造にあたっては、まず、サンプリングによって、「たまご」の「外観検査」や「割卵しての検査」を行ないます。

＊

　この後、「たまご」を洗浄します。
　有効塩素濃度「100～200ppm」の「次亜塩素酸ナトリウム」が含まれた温水で「卵殻」(カラ)の表面を殺菌してから、「割卵」が行なわれます。

　「割卵」された「たまご」は、「割卵機」の設定で、「卵黄」と「卵白」に自動的に分けることも可能で、目的に応じて、「液状全卵」「液状卵白」「液状卵黄」として処理されます。

　「ホール全卵タイプ」(「黄身」が丸いままのもの)以外の「液卵」は、「冷却タンク」内で「攪拌」(混ぜ合わせる)し、均一化されます。
　この工程で「砂糖」や「塩」を混入し、「加糖 液卵」(砂糖を加えたもの)や「加塩 液卵」(塩を加えたもの)を製造することもあります。

　「加塩 液卵」は、「マヨネーズ」製造の原料や、「たまご焼」の製造などに利用され、「加糖 液卵」は、「カステラ」や「ケーキ」などの製造に用いられます。

　この後、必要に応じて、「カラの破片」「カラザ」「卵黄膜」などを取り除くために、「ストレーナ」(ろ過用の網)で「ろ過」されます。

＊

　「ろ過」が終ると、「液卵」は「殺菌工程」に入ります。
　「たまご」は「加熱」によって、「変性凝固」(固まってしまうこと)するタンパク質をもっていることから、「殺菌」は「サルモネラ菌」(SE)や「大腸菌」を対象に、

低温保持の状態で行なわれます。

　「全卵」と「卵黄」の場合には、「61℃」で「3.5分」の殺菌条件で、菌数が「1/1,000～1/10,000」に減少します。

　また、「サルモネラ菌」は、この殺菌条件で完全に死滅するのです。

　殺菌後、「生液卵」の場合は、直ちに「0～10℃」に冷却され、「缶」や「プラスチック容器」「紙カートン容器」などに入れられて、消費地に配送されます。

　また、「凍結液卵」の場合は、冷凍庫に入れられ、「急速冷凍処理」された後に、「保管」「配送」されます。

*

　「アメリカ」や「ヨーロッパ」などでは、"牛乳パック"と同じような「紙パック」に入った「液卵」が、「スーパー」で売られています。

　あらかじめ、「黄身」と「白身」を混ぜてあるタイプのものもあり、家庭でそのまま「スクランブル・エッグ」や「オムレツ」といった料理に使われています。

　「液卵」は、日本では「業務用」として多く用いられていますが、「スーパー」などの小売店では売っていません。

　日本の「たまご」は、毎日、「日配品^{にっぱいひん}」として店頭に並ぶため、新鮮な「殻付卵」がすぐ手に入ります。

　このため、消費者の需要があまりない、と思われているのです。

　しかし、家庭での食生活や生活環境の変化によって、今後、日本でも「紙パック入り液卵」がお目見えする日がくるかもしれません。

5-4 いろいろな種類がある「加工卵」

　「加工卵」には、先に紹介した「液卵」(生液卵)以外にも、いろいろな形態のものがあります。

　ここでは、「生液卵」以外の「加工卵」の製造工程を見ていきましょう。

　「生液卵」以外で多く利用されている「加工卵」としては、

① 凍結卵（凍結液卵）

② 乾燥卵

③ 濃縮卵

があります。

　それぞれの製造方法について、以下に解説します。

①「凍結卵」の製造過程

　「凍結卵」(凍結液卵)とは、文字どおり、「凍らせた『たまご』」のことです。

　「凍結卵」の製造過程は、「高速割卵機」による「割卵」から、「殺菌」「冷却」「容器詰め」までの工程は、「生液卵」と同じです。

　この後、「冷凍 処理」に入るところが異なります。

　「凍結卵」の製造は、「-30～ -35℃」という低温下による「急速 冷凍処理」によって行なわれ、「凍結」後は「-15℃」前後で貯蔵されます。

　「卵白」の「結氷点」(凍りはじめる温度)は「-0.45℃」で、「-20℃」で完全に「凍結」します。

　また、「卵黄」は「結氷点」が「-0.58℃」で、「-6℃」で完全に「凍結状態」になります。

　「卵黄」は、「凍結」すると「ゲル化」(ゼリーのような状態になること)する

性質をもっているため、あらかじめ「卵黄」に「糖」「グリセリン」「食塩」などを「5%」前後加えて、「凍結」による「ゲル化」を防止する方法が採られています。

　「全卵」「卵白」「卵黄」のいずれも、「凍結」によって「起泡性」(泡立つ性質)や「泡安定性」が低下することが知られています。
　ただ、「カステラ」「ケーキ」「パン」の製造には、ほとんど問題にならない程度です。
　また、「卵黄」のもつ「乳化性」(「水」と「油」のように、本来は混ざり合わないものを、混ぜ合わせる性質)などは、むしろ「凍結」によって、安定してくることが知られています。

　「凍結卵」を解凍するときは、「タンパク質」の性質および「細菌増殖」の観点から、できるだけ短時間で解凍させる方法が採られています。
　現在行なわれている「解凍方法」のうち、最も一般的なものは、「流水解凍」と「常温解凍」および、それらを併用して行なう方法です。
　「流水解凍」は、「約20℃」前後の流水中に容器を浸して、「解凍」させる方法で、専用の「解凍装置」があります。

　また、「常温解凍」は、室温に「凍結卵」の入った容器を放置して「解凍」する方法で、最も手間のかかりません。
　ただし、量が多い場合は、「解凍」までに時間がかかり、「細菌」が増殖する可能性が高くなります。
　このため、この方法は、「少量の解凍」の場合に用いられています。

② 「乾燥卵」の製造工程

　「乾燥卵」とは、「たまご」に含まれている水分を取り除き、「保存性」や「運搬」「利用」に便利なように加工したものです。
　「乾燥卵」は、粉状の形状をしているものが多く用いられていることから、「粉卵」とも呼ばれています。

　「全卵」「卵白」「卵黄」の乾燥法には、

(a) 噴霧乾燥

(b) 凍結乾燥（フリーズドライ）

(c) 浅盤乾燥

などの方法があります。

　現在、工業的には、(a)「噴霧乾燥法」が最も広く用いられています。

　(a)「噴霧乾燥法」は、「液卵」を微細な霧状にして、高圧ノズルから熱風（140〜180℃）中に吹き出し、「液卵」を粉末状に乾燥させる方法です。

　「乾燥室」には、「熱風」と「噴霧」の仕方によって、さまざまな方式のものがありますが、霧状に噴霧させた「液卵」は、乾燥室内では瞬時（1秒以内）に、水分が5%程度になります。

　「乾燥卵白」には「起泡性」（泡立つ性質）が残っていますが、「乾燥全卵」ではそれが消失してしまい、また、「卵黄」の「乳化力」（「水」と「油」のように、本来は混ざり合わないものを混ぜ合わせる力）も「乾燥」によって低下してしまいます。

　これらの品質の低下は、「卵黄脂質」の「球状 構造体」が、乾燥によって破壊され、内部にある「トリグリセリド」という成分が露出してしまうために起こる—と考えられています。

　このような「乾燥卵」は、第二次世界大戦でアメリカ兵の朝食の必需品でした。

　「保存」や「持ち運び」に便利で、何といっても、お湯をかければすぐに「スクランブル・エッグ」になるのですから、大変重宝したようです。

　このため、戦時中には数多くの「乾燥卵 製造工場」が建設されました。

　現在の日本でも、「乾燥卵」（粉卵：粉状の乾燥卵）は多く利用されていて、輸入量も年々、増加しています。

　ちなみに、平成10年の輸入通関実績を見ると、「全卵粉」の輸入量は「2,206トン」、「卵黄粉」は「2,469トン」、「卵白粉」は「8,359トン」となっています。

　このように、「ケーキ」や「パン」作りに使われる「卵白粉」が、いちばん需要が多いようです。

③「濃縮卵」の製造工程

　「濃縮卵」とは、「たまご」に含まれている水分の一部を取り除き、「濃縮」(コンデンス)したものを言います。

＊

　「鶏卵」中に含まれている水分は、「全卵」で「75%」、「卵白」で「88%」、「卵黄」で「51%」もあります。

　現在行なわれている水分の除去方法としては、「卵白」に対しては「逆浸透圧法」や「限界ろ過法」があります。

　また、「全卵」に対しては、「加温減圧法」と言う方法が一般的です。

　「逆浸透圧法」と「限界ろ過法」は、それぞれ「逆浸透膜」「限界ろ過膜」という特殊な「膜」を使い、「圧力」を加えて、水を「ろ過」(取り除く)するものです。

　「前者」の方法では「水」のみが、「後者」では「水」と「無機イオン」が、「ろ過」されます。

　これらの方式は、「乾燥卵」のように「熱」を加えない方法であるため、「たまご」のように「熱」に不安定(「凝固性」をもつなど)な「タンパク質」を含む材料の「濃縮」には、きわめて優れた方法とされています。

　しかし、「ろ過」するのに必要な時間が長い、という欠点をもっています。

　「ろ過」は、「水」のような「低分子」の物質のみを通過させ、「タンパク質」のような「高分子」は通さない、という性質をもった、特殊な「薄膜」を使うことによって、水分を除去する方法です。

＊

　また、「加温減圧法」という濃縮方式は、「全卵」を濃縮する場合に用いられる方法です。

　この方式では、「予備加熱」および「殺菌」のため、「全卵」を「60℃」まで温める方法がとられます。

　このとき、「たまご」の「タンパク質」の「凝固変性」(固まってしまうこと)を防ぐために、「ショ糖」が添加されます。

　「予備加熱」を行なった後に、「濃縮率」を「2倍」、「加糖」が「50%」になるまで「濃縮」して、完成します。

④ 「マヨネーズ」への加工

　「マヨネーズ」(mayonnaise)は、ドレッシングの中で最もポピュラーで、日本でも子供から大人まで幅広く人気のある食品です。

＊

　主な原料は、「植物油」「鶏卵」「醸造酢」の3つです。

　それに、「調味料」「香辛料」などが加えられます。

　「マヨネーズ」は、「たまご」のもっている特性の1つである「乳化作用」を利用して作られますが、その製造方法から大きく、「フランス型」と「アメリカ型」とに分けられます。

　「フランス型」では、「乳化剤」として「卵黄」のみを用いています。

　また、「アメリカ型」は、「乳化剤」として「全卵」を用い、これに「食品添加物」として認められている「乳化剤」を加えたものです。

　「乳化剤」とは、「乳化性」―すなわち、「水」と「油」のように、本来は混ざり合わない物質同士を混ぜ合わせる力をもつものを指します。

　この「乳化性」は、「卵黄」に含まれている「レシチン」と、「卵黄タンパク質」によるものです。

＊

　「乳化」によって混ざり合った状態を、「エマルジョン」と呼んでいます。

　この「エマルジョン」には、

① O/W型 （水中油滴型）… 　「水」の中に「油の粒」が浮いている状態

② W/O型 （油中水滴型）… 　「油」の中に「水の粒」が浮いている状態

の2つのタイプがあります。

　「マヨネーズ」の状態は、①「水中油滴型」(O/W型)です。

　「アメリカ型」は、「卵白」も使って作られるため、そのままでは白っぽくなってしまいます。このため、「カロテン色素」で着色する場合もあります。

　日本では、従来から主に「フランス型」の「マヨネーズ」が、「製造・販売」されてきましたが、近年では、「アメリカ型」のものも「低カロリー・マヨネーズ」として市販されています。

　皆さんもよくご存知の「マヨネーズ」と言えば、「キユーピー　マヨネーズ」でしょう。

　「マヨネーズ」作りには、大量の新鮮な「たまご」(液卵)を消費します。

　このため、キユーピー (株)では、「液卵製造用」の「割卵機」も開発しています。

　「QP-N600型」と言うキユーピー製の「割卵機」では、1分間に600個の「たまご」を割り、自動的に「卵黄」と「卵白」を分ける能力をもっています。

　「マヨネーズ」が日本で産声を上げたのは、1925年 (大正14年)のことで、キユーピーが製造元でした。

　当初は、「食品工業株式会社」という名称だった社名が、1957年 (昭和32年)、大正時代からのセルロイド製「キユーピー人形」の大流行をきっかけに、「キユーピー株式会社」に変更されたのです。

　ところで、この「キユーピー」という社名ですが、使われているのは小文字の

「ュ」ではなく、大文字の「ユ」なのをご存知でしょうか。

これは、ロゴとしての文字バランスから、このようになったそうです。

⑤ 特殊な卵製品

特殊な「たまご」の加工製品としては、「殻付卵」に外部から浸透させて味付けをした「燻製卵」や、「皮蛋」(ピータン)があります。

「燻製卵」は、「殻付」のまま茹でて、その後は、他の燻製製品と同様に「燻煙処理」を行なって製造します。

「燻製卵」の特徴は、何といっても「保存性」の高さにあります。

市販の「燻製卵」では、常温で「3ヶ月間」の賞味期限が設定してある製品も販売されています。

「皮蛋」(ピータン)は、本来は「アヒルのたまご」で作ります。

「食塩」を混ぜた「強アルカリ性の液」に漬けて「発酵」させ、「たまご」の「タンパク質」を「ゲル状」に変性させた、中国古来からの伝統的な食品です。

中華料理の前菜などに、よく使われています。

今日では、「アヒルのたまご」だけではなく、「鶏卵」も使われています。

この「皮蛋」は、「アルカリ」と「食塩」の働きを利用して作るもので、「卵白」は透明感のある「ゲル状」(ゼリー状)に、「卵黄」は「ゆでたまご」のように固まって「暗緑色」となり、独特の風味と味わいがあります。

また、消化がよく、中国では「下痢止め」にも利用されるそうです。

「皮蛋」の製造は、まず、「紅茶の葉」を大量の湯の中に入れて煮出して「粗塩」を入れ、「粗塩」が溶けたら、大きな缶に入れた「生石灰」の中へ注入します。

それが冷めたら、「炭酸ソーダ」と「アヒルの卵」(または「鶏卵」)を入れてきっちりと蓋をし、密閉して「1カ月」ほどおきます。

　その後、発酵した「たまご」を取り出して、「紅茶葉の煎じ汁」「草木灰」「生石灰」「塩」「炭酸ナトリウム」を混ぜて、「ペースト状」（粘土状）にしたものを、「たまごのカラ」に1cmほどの厚さに塗り付け、さらに「籾殻」にまぶして、「25〜35℃」で「約50〜60日」の間密閉して、作られています。

5-5　「特殊な加工品」もある

　「加工卵」の中には、「たまご」を原料として使う「液卵」や「粉卵」などのほかに、変わった加工品もあります。

　ここでは、その一例として、

① ロングエッグ

② マイクロ波加工卵

③ ドラム加工卵

を紹介しましょう。

① ロングエッグ

　「ロングエッグ」とは、文字どおり長さが「20cm」もある、「長いゆでたまご」のことです。

　普通の「ゆでたまご」は、輪切りにすると、「黄身の大きさ」がバラつき、端のほうでは「白身」だけの部分も出来てしまいます。

　これは、家庭で使うには何ら問題ありませんが、「業務用」となると、外観上、商品価値が下がってしまうこともあるでしょう。

　たとえば、輪切りの「ゆでたまご」を、「ラーメン」や「ピザ」などに盛りつける場合を想像していただければ、分かると思います。

　そこで、これを解決するために作り出された加工品が、「ロングエッグ」です。

　「ロングエッグ」は、「金太郎飴」のように、どこを切っても「黄身」と「白身」の面積の割合が均一となるように加工された「鶏卵加工品」で、「ゆでたまご」が大きなソーセージ型になったような形の製品です。

　この「ロングエッグ」は、20年以上も前から北欧を中心に作られていて、1970年には機械化されています。
　「加工マシン」の一例として、サノボ（SANOBO：デンマーク）社製のものが挙げられます。
　その生産能力は、「長さ20cm,直径4.5cm,重量300g」の「ロングエッグ」を、1時間当たり「400〜500本」も製造できるのです。
＊
　以下に、「ロングエッグ」の製造工程の概略を説明します。

[1]原料として、「卵白」を「62%」、「卵黄」を「38%」用意する
　　……これは、「全卵」中の「卵白」と「卵黄」の割合と同じ。
[2][1]の原料を前処理として、「脱気」（中に含まれた空気の泡を抜く）する
　　……これは、製品の組織が「スポンジ状」になるのを防ぐために行う。
　　　　※内部に「気泡」を含んでいると、加熱加工中に膨張する
[3][2]を、二重の「金属チューブ」の外側に「卵白液」を「充填」し、「加熱凝固」（熱を加えて固まらせる）させる
[4]内側の「チューブ」を引き抜き、そこへ「卵黄」を充填した後、再度加熱して「凝固」させる
[5]全体が凝固（固まる）したら冷却し、「チューブ」からすべて取り出す
[6]取り出した製品を「真空パック」した後、「ボイル槽」（熱湯）に浸けて外側の「殺菌」を行ない、直ちに「冷却」して完成

　完成した製品は、「冷蔵」あるいは「冷凍」して保管します。
　「冷蔵」で「3〜4週間」、「冷凍」ならば「2年間」の保存が可能です。

写真5-3 ロングエッグ

② マイクロ波加工卵

　「マイクロ波加工卵」は、インスタント食品用の「乾燥具材」（乾燥した具のこと）として、大規模に生産され、利用されています。

　この「具材用 乾燥卵」には、「熱湯」を加えて「1〜3分以内」という短時間で復元（元の軟らかい状態に戻ること）することが求められ、「カップラーメン」や「インスタントラーメン」の具材として、広く利用されています。

　また、「粒状」に粉砕して、「ふりかけ用」としても利用されています。

　皆さんも、「カップラーメン」に入っている「黄色いたまご」具材など、よくご覧になるのではないでしょうか。

　「マイクロ波」を利用した加工の利点は、水分を吸収しやすくなる「膨化」（スポンジ状にふくらむこと）のほか、「殺菌効果」が高いため、非常に「衛生的」で「高保存性」の製品が得られることです。

*

「マイクロ波加熱」の特徴ですが、

(a) 「電子レンジ」と同じように、食品自身を発熱させるため、「加熱効率」が高く、非常に「短時間」で加熱処理できる

(b) 「複雑な形状」のものでも、「表面」および「内部」を、ほとんど「同時」に、また「均一」に加熱できる

(c) 「色」「香り」「風味」が損なわれにくい加熱方法である

などが挙げられます。

「加工マシン」としては、「マイクロ波装置」が用いられます。

これは、「連続コンベア式オーブン」とも呼ばれていて、「電子レンジ」と同様の原理で、「マイクロ波膨化乾燥」を「80kW」で「5～10分」かけて行ないます。

その後、製品を適当な大きさに切断し、「80～120℃」で「仕上げ乾燥」して、完成します。

*

「鶏卵」に対する「マイクロ波」の利用法としては、「膨化乾燥」が主な目的で、その加工の工程は、以下のようになっています。

[1] 原料の混合

[2] 成形（形を整える）

[3] マイクロ波膨化乾燥（80kW、5～10分）

[4] 切断

[5] 仕上げ乾燥（80～120℃）

[6] 検査

[7] 包装（製品完成）

③ ドラム加工卵

「ドラム加工卵」とは、均一な厚さの「薄焼き卵」や「クレープ」の製造に用いられている製品です。

「薄焼き卵」をカット (切った)したものは、「ラーメンの具材」「ちらし寿司」「惣菜」用などに、広く用いられています。

また、「クレープ」は、「製菓・製パン」「冷菓」用として用いられています。

＊

「加工マシン」としては、「電熱」あるいは「蒸気」によって表面が加熱される「円筒形ドラム」(大きな金属製の筒)が用いられます。

この「円筒形ドラム」の外側で、「薄い膜状」の製品を作ります。

「ドラム加工」は、非常に薄く「焼成」(焼き上げること)できるのが特徴で、厚さが「0.4〜0.5mm」程度まで薄い製品の製造も可能です。

「ドラム加工」による「薄焼き卵」の製造は、「連続式」で行なわれ、最終的な製品の「水分活性」(Aw：水分をどの程度含んでいるかを示す数値)が調整できるような配合で、「ミックス」(焼く前の液状のもの)が作られます。

この「ミックス」が、「ドラムの外側」に「塗布」(薄く塗ること)され、「焼成」されます。

「焼成」されたものは、直ちに「乾燥機」に入り、所定の水分量になるまで乾燥されて、所定のサイズの「シート状」あるいは「錦糸卵状」(細切り)に切断されて、製品が完成します。

「全卵」を材料とした場合は「薄焼き卵」になりますが、「全卵」に「小麦粉」や「バター」などを加えると、「クレープ」を製造できます。

写真5-4「ドラム加工卵」の製造機

5-6 「加工卵」の生産量の移り変わり

「加工卵」は、日本ではどのくらい使われているのでしょうか。

ここでは、我が国の「鶏卵流通量」(出荷量)に占める「加工卵の割合」の推移を見てみましょう。

表5-2に「『加工卵の割合』の推移」を示します。

この表の数値は、(株)全国液卵公社がとりまとめたデータで、単位は「トン」です。

「輸入量」は、「殻付卵」に換算した値を用い、各加工品の「換算係数」は、「凍結全卵」および「卵黄：1.2倍」「卵白：1.275倍」「全卵粉：4倍」「卵黄粉：3倍」となっています。

また、「総加工卵割合」とは、「輸入品」を含めた場合の「鶏卵出荷量」に対する割合のことを言います。

表5-2「加工卵の割合」の推移（単位：トン）

年	鶏卵出荷量	加工卵生産量	加工卵輸入量	総加工卵割合
昭和55年	1,905,618	168,136	43,084	10.8%
昭和60年	2,053,374	181,292	33,720	10.3%
平成 1年	2,323,453	237,069	44,381	11.9%
平成 5年	2,510,875	321,938	99,260	16.1%
平成10年	2,448,987	400,751	101,345	19.6%
平成15年	2,453,684	469,689	106,973	22.5%
平成18年	2,420,485	507,798	120,177	24.7%

　この表を見ると分かりますが、「加工卵」の需要は、年々伸びています。

　今後も、「加工卵」は、私たちの食生活のいろいろな場面で使われていくことでしょう。

5-7　「医薬品」や「細菌研究」などにも活躍している「たまご」

　「たまご」は、食用以外でも、私たちの身近なところで重要な役割をしています。

　ここでは、「食品」として以外に、「たまご」がどのように利用され、私たちの暮らしに役立っているのかを解説しましょう。

＊

　「たまご」の用途としては、「食用」が圧倒的に多いのですが、私たちの知らないところで意外な利用もされています。

　特に、近年になって「たまご」の中の特殊な成分を、「抽出」「精製」した「ファインケミカル」としての製品が登場してきました。

　たとえば、「卵白」から抽出される「リゾチーム」、「卵黄」から作られる「レシチン」などが、「医薬品」や「化粧品」などに用いられています。

その他にも、「たまご」は栄養豊富で、細菌の「増殖」にも都合がよいことから、以前から細菌試験における「培地」や「試薬」としても利用されています。

「培地」とは、「細菌」の培養試験において、「菌の栄養源」として使われる物質です。

また、「細菌試験」以外にも、「人間」や「動物」（「鶏」も例外ではない）の病気を防ぐ「ワクチン」を製造する際の、「培地」としての用途もあります。

こうしてみると、「たまご」は、「食用」以外の分野においても、私たちの健康を支えてくれている重要な存在であることが分かります。

＊

では、とても重要な成分である「リゾチーム」について、もう少し詳細に説明しましょう。

皆さんは、風邪薬のコマーシャルなどで、「塩化リゾチーム」という言葉を聞いたことがあるでしょうか。

この「リゾチーム」こそ、「たまご」から抽出される重要な成分です。

「たまご」は、栄養豊富なことから「細菌」が好み、その影響を受けやすいのですが、その防衛機構がもともと、「たまご」には備わっているのです。

「たまご」のいちばん外側の防衛壁は、「放卵」（産卵）時に分泌されて「卵殻」（カラ）の表面を覆う、「クチクラ」という薄い膜の層です。

この「クチクラ層」は、「たまご」が「パック詰め」されるときに、「洗卵」（たまごを洗うこと）によって落ちてしまいます。

しかし、第二の「防衛壁」があります。

それが、「卵白」に含まれる「リゾチーム」なのです。

「リゾチーム」は、1922年に科学者のアレキサンダー・フレミングによって、「鶏卵」中から発見された「酵素」で、その「溶菌作用」（lisys）から「Lysozyme」（リゾチーム）と命名されました。

　この「酵素」は、「動物の組織・体液」「植物」「微生物」などに広く分布する物質ですが、「卵白」中の含有量が、「0.3%」と最も高いのです。

　また、「卵白」は、他の「リゾチーム含有物質」に比べて、生産量が豊富で、抽出方法についても比較的容易であることから、現在、「風邪薬」などの「医薬品用」、「食品保存料」として利用されている「リゾチーム」は、すべて「卵白」から生産されています。

　「リゾチーム」は、特に「グラム陽性菌」というグループに対する「溶菌作用」が強いとされています。

　このように、意外なところでも、「たまご」が役に立っていることが分かります。

＊

　次に、近年、「アルツハイマー病」などの「認知症防止」に効果があると注目されている、「卵黄」から抽出される「コリン」という成分について、解説しましょう。

　「卵黄」は、ギリシャ語で「レシトース」(Lekithos)と呼ばれ、「タンパク質（約14%）」「脂質（29%）」、そして「ビタミン」や「ミネラル」を多く含んでいます。

　この「卵黄脂質」の内の「30%」は、「リン脂質」と呼ばれる「脂質」の一種で、「脳」「神経組織」「細胞膜」などの構造の一部を成す、きわめて重要な物質です。

　この「リン脂質」の中で、特に重要な成分が「コリン」(ホスファチジルコリン)で、「記憶」や「学習」に強く関係している神経伝達物質「アセチルコリン」の素になる物質です。

　この物質は、「卵黄」に含まれている「コリン」であることから「卵黄コリン」とも呼ばれています。

　「リン脂質」は、「卵黄」だけでなく、「大豆」や「レバー」などにも含まれていますが、「リン脂質」を構成している成分や比率は、それぞれ異なります。

　「卵黄」は、さまざまな食品と比べて、同じ重量当たりの「コリン」の含有量が、

最も多いのです。

　「コリン」には、先に述べた「アルツハイマー病（アルツハイマー型認知症）の防止」などの神経機能に対する効果のほかにも、「細胞膜の働きを助ける」「脂質の代謝を改善」「肝臓の脂肪変性を防ぐ」といった効果（抗脂肪肝作用）があると言われています。

　「アルツハイマー病」に効果があると知られたのは、次のような研究結果からでした。
　ある研究調査によって、「アルツハイマー病」の患者の脳では、「神経伝達物質」である「アセチルコリン」が著しく減少していることが分かったのです。

【＊注記】
　「神経伝達物質」とは、「神経細胞」の間で、「情報」や「刺激」を化学的に伝達する働きをする物質のことです。

　「アセチルコリン」は、「コリン」などを原料にして、「合成酵素」の働きによって作られる「神経伝達物質」です。
　「アルツハイマー病」の脳内では、この「酵素の働き」が低下していて、「アセチルコリン」を効率よく増やせない状態であることが分かってきました。
　さらに、この「合成酵素」を活発に働かせる「ビタミンB12」が少ないことも分かってきました。
＊
　「脳」は、人体にとって大変重要な器官の1つです。
　このため、「脳」に毒物などの異常な物質がむやみに入り込んでくることを防ぐために、「脳関門」という特別な組織があります。

　「脳関門」は、「血液」によって「脳内」に流入する物質を「選別」する、"関所"のような器官です。

　「卵黄コリン」は、この「脳関門」を通過する際に邪魔されにくく、他の食品に含まれている「コリン」に比べて、脳内に入りやすいことが分かっています。

　「コリン」を取り込みやすい形で体内にとり入れる食品として、「アルツハイマー病」の「病状改善」「予防」への効果が期待されているだけでなく、「脳血管性痴呆」の予防に対しても、その効果が期待されています。

　また、他の細胞と同様に、「脳」の「神経細胞膜」を健全に保つ役割も果たし、一般的な「脳」の「老化防止」にも役立つ—といった研究結果も出ています。

　「卵黄コリン」は、「ビタミンB12」と一緒に摂取するとより効果が高いことから、現在、発売されている「卵黄コリン製剤」(栄養補助食品)には「ビタミンB12」が加えてあるタイプもあります。

　また、通常は捨ててしまう「カラ」の内側にある、「卵殻膜」(うす皮)ですが、昔はお相撲さんが稽古でケガをしたときに、絆創膏の代わりに傷口に貼って使われていました。

　「卵殻膜」にある「保湿性」や、「卵白」に含まれている「リゾチーム」が、「天然の絆創膏」の効果をもたらしたわけです。

　じつは、この「卵殻膜」は、2枚あるのをご存知でしょうか。

　「内卵殻膜」と「外卵殻膜」の2枚があり、新鮮な「たまご」を茹でたときに、「卵白」に張り付いて剥がれにくいのが、「内卵殻膜」です。

　「たまご」の「鈍端部」(丸いほう)にある「気室」は、「内卵殻膜」と「外卵殻膜」の間に空気が入って出来ています。

　これ以外にも、「卵黄」を加熱することで抽出した「卵油」も、昔から健康に良いとされ、有名です。

　「たまご」内の成分には、すでに栄養学的に解明されているものもありますが、まだ「組成」や「作用」のよく知られていない「微量成分」も、数多くあります。

　温めるだけで、「ヒヨコ」が誕生する"生命のカプセル"である「たまご」は、今

後の研究によって、新たな効果をもつ成分が発見される可能性を、数多く秘めているのです。

5-8　身近な加工卵「温泉たまご」

「温泉たまご」の名称の由来は、

・外側にある「白身」が固まっていないのに、内側の「黄身」が固まっていることから、「芯から温まる」という意味から
・たまたま「温泉」に入れた「たまご」から、「温泉たまご」が出来たから

といった説があります。

「温泉たまご」は、「白身」が固まっていないのに「黄身」が固まっていますが、どうして内側にある「黄身」のほうが、先に固まるのでしょうか。

「たまご」の「タンパク質」は、「60〜70℃」で固まりますが、じつは「白身」と「黄味」では、この「温度」に微妙な差があります。

「白身」が固まりはじめるのは「58℃」ですが、「80℃」近くでなければ、完全には固まりません。

一方、「黄味」は、「65〜70℃」で固まりはじめ、この「温度」を保てば、ほぼ完全に固まります。

この性質を見事に利用したのが、「温泉たまご」というわけです。

第6章

コレステロール研究所

この「コレステロール研究所」では、「コレステロール」に関するさまざまな情報を、紹介していきます。

読めば、これまでの「コレステロール」に対する考え方が、変わるかもしれません。

(http://takakis.la.coocan.jp/col.htm)

6-1 「たまご」と「コレステロール」

　「たまご」(鶏卵)の「コレステロール」の含有量は、ご存知のとおり比較的多く、「全卵100g」中に「420mg」あり、そのほとんどは「卵黄」中に含まれています。

　そのうち、「約84%」は「フリーのコレステロール」で、残り「16%」は「エステル型のコレステロール」です。

　「鶏卵」の「コレステロール含有量」はほぼ一定であり、「飼料」(鶏のエサ)の影響を受けることは少ないとされています。

　「鶏卵」の「コレステロール」の一部は、「魚粉」などの「動物性飼料」由来のものですが、残りは「卵黄」が出来るときに「鶏」の体内で合成されたものです。

*

　では、「コレステロール」とは、そもそも何でしょうか。

　「コレステロール」は、「動物」だけに存在する「脂肪」の一種で、「人」の「からだ」全体における「コレステロール」の総量は、成人で「約140〜160g」あります。

　「コレステロール」は「脂質」の一種で、「人」をはじめ、「動物」が生きていく上で不可欠な栄養素です。

　とかく悪者扱いされる「コレステロール」ですが、「細胞膜」を作る上で重要な材料であり、「脂肪」の消化に必要な「胆汁酸」や、「性ホルモン」の原料にもなっています。

　「乳児用」の「粉ミルク」には、わざわざ「コレステロール」が加えられていることからも、人体にとって非常に大切な成分であることが分かります。

*

　「コレステロール」は、「細胞膜」の主要成分の1つであり、ヒトの体内のあらゆる臓器に存在しています。

「脳」「脊髄」「血液」など、人体の重要な組織に、比較的高濃度に保有されています。

表6-1 「コレステロール」の体内分布 (体重70kg成人男性)」

体の部位	コレステロール保有量	割合
脳、神経系	32.0g	23%
筋肉	30.0g	21%
血液	10.8g	8%
骨髄	7.5g	5%
皮膚	16.0g	11%
心臓、肺、脾臓、腎臓	3.9g	3%
肝臓	5.1g	4%
結合組織、脂肪組織、組織液	31.3g	22%
消化管	3.8g	3%

＊

私たちは、一日に「約100〜400mg」の「コレステロール」を、「食物」から摂取しています。

じつは、「コレステロール」は、「食物」から摂取される以外に、「体内」でも作り出されているのです。

人の「コレステロール」は、一日に必要な量の「約80%」が、「肝臓」をはじめとする「体内」で作られ、これに「食事」由来のもの (「食物」から摂取されるもの)「約20%」が加わったのが総量だと考えられています。

つまり、「食物から摂取する量」に対し、「体内で合成される量」は「約4倍」だと言うことになります。

体内で作るぶん：80%	食物から摂るぶん：20%

図6-1 人の体内の「コレステロール」由来

「コレステロール」は、人間にとって重要な栄養素の1つです。

ところが、一般には、人体の健康を損なう物質だと誤解している人が多く、「生

命を維持するための重要な物質」であることを理解している人は少ないのではないでしょうか。

　たしかに、「血中コレステロール濃度」が異常に高いと、健康上問題があり、「動脈硬化」が進行したり、「血管障害」「心筋梗塞」の原因になることもあります。
　しかし、逆に、「コレステロール」が少なすぎても、人の健康に支障をきたすのです。

　「コレステロール」の少ない人は、「肺炎」や「結核」などの「感染症」にかかりやすくなったり、「血管壁」が弱くなって「脳卒中」が起こりやすくなる、と言われています。
　つまり、「血中コレステロール濃度」は、"「高すぎ」ても「低すぎ」ても問題がある"ということです。

　「血中コレステロール」は、日本人の場合、「血液100ml」当たり「160～200mg」の濃度が平均ですが、理想的には、「180～220mg」程度は必要だと言われています。
　表6-2に、「『コレステロール』の体内での役割」について示します。

表6-2 「コレステロール」の体内での役割

①	「細胞膜」の構成成分の1つなので、「コレステロール」が少なすぎると、「細胞」が壊れやすくなり、病気に対する「抵抗力」が弱くなって、「貧血」が起こりやすくなる。
②	「脳」の「神経繊維」を守る「神経鞘」の成分として、きわめて重要な役割をしている。
③	「女性ホルモン」や「副腎皮質ホルモン」の材料として、重要な役割をしている。
④	「骨」の「カルシウム形成」に必要な、「ビタミンD」の原料となる。

　この表から、「コレステロール」は、私たちの体にとって意外と重要である、ということが分かっていただけたでしょうか。

6-2 なぜ、「コレステロール」は「悪者扱い」されるようになったのか

　「コレステロール」が、人間にとって重要な「栄養素」の1つであるにもかかわらず、「悪者扱い」されるようになったのには、**表6-3**に示した2つの学説のためだと言われています。

　特に、【学説その1】の「ロシアのウサギの実験」は、発表後に世界的に広まり、非常に有名になりました。
　しかし、これらの学説は、後の研究で「誤りである」と判明しています。

表6-3 「コレステロール」に関する誤った学説

【学説その1】 　約100年前の1913年に、ロシアの病理学者「ニコライ・アニチコワ」(Anitschkow)らが、ウサギに「コレステロール」を与える実験を行なった。 　「大動脈」に「コレステロール」が沈着して、「動脈硬化」が起こったことから、"「コレステロール」が「動脈硬化」の原因である"と発表した。 　この学説には、大きな問題点があった(「草食動物」に「動物性のコレステロール」を与えた実験だった)のだが、その説がそのまま広まってしまった。
【学説その2】 　約40年前の1970年代に、アメリカの「ヘグステッド」という学者たちが、"食品中の「コレステロール」が「100mg」増加すると、「血清総コレステロール」(血液中の総コレステロール値)が「6mg/dl」上がる"という、有名な「ヘグステッドの式」を提唱し、長い間この式が採用されていた。

　「血中」に含まれる「血清コレステロール値」を測定する際に、「値が高いから危険」だと考えられがちです。
　しかし、測定された「コレステロール値」は、「善玉コレステロール (HDL)」「悪

玉コレステロール（LDL）」などを含めた「総コレステロール値」です。

　ですから、この数値が高いというだけで、「危険」であるとは決めつけられないのです。

　要は、「善玉」と「悪玉」の数値によって、判断すべきなのです。

　「コレステロール」および「中性脂肪」の正常値を、**表6-4**に示します。

　以前は、「総コレステロール値」によって、病気かどうかの判定をしていました。

　しかし、現在では、「動脈硬化」にいちばん影響のある、「悪玉コレステロール」を基準にしています。

　また、逆に「善玉コレステロール」が少なすぎると、「動脈硬化」になりやすくなってしまいます。

　「脂質異常症の診断基準」は、**表6-5**の通りです。

表6-4 「コレステロール」と「中性脂肪」の正常値
（出典：日本動脈硬化学会、空腹時採血データ）

悪玉コレステロール （LDL コレステロール値）	120mg/dl 未満
善玉コレステロール （HDL コレステロール値）	40mg/dl 以上
中性脂肪 （トリグリセライド値）	150mg/dl 未満

表6-5 「脂質異常症」の診断基準

悪玉コレステロール （LDL コレステロール値）	140mg/dl 以上
善玉コレステロール （HDL コレステロール値	40mg/dl 未満
中性脂肪 （トリグリセライド値）	150mg/dl 未満

　以上のように、現在では、「総コレステロール量」ではなく、「悪玉」と「善玉」の「コレステロール」および「中性脂肪」を、診断基準としています。

＊

　「たまご」(卵黄)は、「コレステロール含有量」が多いため、多く摂取すると「コレステロール値」が上昇する、と誤解して敬遠する人もいます。

　しかし、「たまご」には、「コレステロール」が「動脈壁」へ沈着することを抑える、「不飽和脂肪酸」(「リノール酸」など)が多く含まれていることから、あまり心配する必要はないと言われています。

＊

　また、「卵黄」に多く含まれている「レシチン」という物質は、「善玉コレステロール」の量を増加させるのに役立っていて、「レシチン」は「動脈硬化」の予防薬の主成分としても使われているくらいです。

表6-6 食品のコレステロール含有量 (数値は、mg/食品100g)
(出典: 五訂 日本食品標準成分表)

【卵類】		【魚介類】	
鶏卵 (全卵)	420	アジ	77
鶏卵 (卵黄)	1400	サーバ	64
鶏卵 (卵白)	1	サンマ	66
うずら卵 (全卵)	470	鮭	60
【肉類】		まぐろ	37
牛肉 (ヒレ)	66	うなぎ (蒲焼)	230
牛肉 (肩ロース)	84	牡蠣 (生)	51
豚肉 (ヒレ)	65	アサリ	40
豚肉 (肩ロース)	76	イカ	320
鶏肉 (ささ身)	52	たこ	150
鶏肉 (もも)	90	うに	290
鶏肉 (手羽)	120	たらこ	350
ベーコン	50	数の子	230
ウインナー	57	【油脂、調味料】	
【乳製品】		バター	210
牛乳	12	マーガリン	5
プロセスチーズ	78	マヨネーズ (全卵型)	60
ヨーグルト	12	マヨネーズ (卵黄型)	150

表6-6に、食品中に含まれている「コレステロール量」の比較表を示します。

表中の数値は、その食品「100g」中の「コレステロール量」(mg)を示しています。

この表を見ると、思いのほか、「バター」と「マーガリン」の「コレステロール含有量」が大きく異なっているのが、分かります。

6-3 「悪玉コレステロール」は本当に「悪者」なのか

ここで、「善玉コレステロール」と「悪玉コレステロール」の違いを説明しておきましょう。

*

先に示したように、「LDL」を「悪玉コレステロール」と呼び、「HDL」を「善玉コレステロール」と呼んでいます。

そのゆえんは、「肝臓」で作られた「コレステロール」を各細胞に供給する役割をもっているのが「悪玉コレステロール」(LDL)で、余った「コレステロール」を「肝臓」へ連れ戻すのが「善玉コレステロール」(HDL)の役目であるため、「悪玉」と呼ばれるのです。

逆を言えば、「LDL」(悪玉)は、「血管壁」に「コレステロール」を沈着させ、「動脈硬化」などを引き起こす原因を作り出すのに対して、「HDL」(善玉)は、逆に「血管壁」に付着している「コレステロール」を取り除く作用があるため、「善玉」と呼ばれます。

*

しかし、「悪玉コレステロール」と呼ばれていても、決して「悪者」(不要なもの)ではありません。

　「肝臓」で作られた「コレステロール」を各「細胞」へ運ぶという、人体にとって非常に重要な役割をもっているのです。

　ですから、人間は、「悪玉コレステロール」なしでは生きていけないのです。

＊

　現在、各「医療機関」で発行される「健康診断書」では、「HDL値」と「LDL値」を分けて記載するようになっています。

　「総コレステロール」「HDL」「LDL」の各値が、基準値を超えたり、逆に低かったりした場合の「病気発症」の可能性について、**表6-7**に示します。

表6-7「コレステロール値」と「病気」

総コレステロール		
基準値	140〜199	要注意または異常値である場合、生活習慣や食習慣の改善、服薬などによる治療が必要になる場合があります。
要注意	200〜259 または139以下	
異常値	260以上	
悪玉コレステロール（LDL）		
基準値	60〜119	血液中の「LDLコレステロール」が増加すると、「酸化LDL」という成分になり、血管内壁に沈着します。これが「動脈硬化」を引き起こし、「心筋梗塞」や「脳梗塞」といった「動脈硬化性疾患」が誘発されることがあります。
要注意	120〜179 または59以下	
異常値	180以上	
善玉コレステロール（HDL）		
基準値	40以上	「HDLコレステロール」は、体内で余分なコレステロールを回収して肝臓に運ぶという大切な役割を担っています。
要注意	35〜39	
異常値	34以下	

【＊注記】
　単位はすべて「mg/dl」で、「1デシリットル」中に含まれる「コレステロールの質量」を、「ミリグラム」で表わしたものです。

　近年、日本の食文化の変化によって「食の欧米化」が進み、また、「外食」や「コンビニ食」が増えて、「栄養のバランス」や「摂取カロリー」といった問題が出てきています。

　また、「運動不足」も深刻な問題です。

　健康診断での各種測定値などを参考に、日頃から健康に留意したいものです。

【＊注記】
　ホームページ「たまご博物館」には、「コレステロール研究所」というページがあります。
　このページでは、「コレステロール」に関する情報を、「初級編」「中級編」「上級編」に分けて、段階的に学べるようにしています。
　「上級編」では、「たまご」の「コレステロール」に関する世界の研究論文も、見ることができます。
　「コレステロール研究所」のURLは、下記の通りです。
http://takakis.la.coocan.jp/col.htm

MEMO

第7章

「鳥インフルエンザ」について

ここでは、「鶏」が感染する病気の1つである
「鳥インフルエンザ」について解説します。
2004年に日本国内で発生した「鳥インフル
エンザ」は、メディアで大きく取り上げられ、
多くの消費者がそれまで知らなかった「鶏」
の病気を知るようになりました。
(http://takakis.la.coocan.jp/ai.htm)

7-1 　「鳥インフルエンザ」とは

　「鳥インフルエンザ」(旧別名：家禽ペスト)は、「A型インフルエンザウイルス」(AIウイルス：Avian Influenzaウイルス)が引き起こす「家禽類」を含む「鳥類」の疾病です。

　わが国の「家畜伝染病予防法」では、病原性の程度および変異の可能性によって、次の3つに分類されています。

・高病原性 鳥インフルエンザ (HPAI)
・低病原性 鳥インフルエンザ (LPAI)
・鳥インフルエンザ

　2011年4月の「家畜伝染病予防法」の改正前は、「高病原性 鳥インフルエンザ」(強毒タイプ、弱毒タイプ)と「鳥インフルエンザ」に分類されていましたが、法改正を機に「国際獣疫事務局」(OIE)が定めている国際的な基準に合わせるため、現在の分類に変更されました。

*

　歴史を見ると、1878年にイタリアで初めて「家禽ペスト」の発生の記録があり、わが国でも1925年に奈良県、千葉県、東京府下で「H7N7型インフルエンザウイルス」(千葉株)による発生がありました。

　また、2003年に「家畜伝染病予防法」において、「家禽ペスト」から「高病原性 鳥インフルエンザ」に名称が変更され、「国際獣疫事務局」(OIE)の定義に従って、「H5およびH7亜型のA型インフルエンザウイルスによる伝染病」として定義されたのです。

　表7-1に「鳥インフルエンザ」の3つの分類について示します。

表7-1　「鳥インフルエンザ」の3つの分類

病原性		ウイルスの亜型	
		H5、H7	H5、H7以外
低い		低病原性鳥インフルエンザ（LPAI） 対象種：鶏、あひる、うずら、きじ、だちょう、ほろほろ鳥、七面鳥	鳥インフルエンザ 対象種：鶏、あひる、うずら、七面鳥
高い		高病原性 鳥インフルエンザ（HPAI） 対象種：鶏、あひる、うずら、きじ、だちょう、ほろほろ鳥、七面鳥	

※LPAIはHPAIに変異する可能性があります。

表7-2に、「鳥インフルエンザ」の3つの分類について、2011年4月の「家畜伝染病予防法」の改正に伴う変更について示します。

表7-2　「家畜伝染病予防法」の改正に伴う変更

【改正前】

法定伝染病
高病原性鳥インフルエンザ（強毒タイプ）
高病原性鳥インフルエンザ（弱毒タイプ）
届出伝染病
鳥インフルエンザ

【改正後】

法定伝染病
高病原性鳥インフルエンザ
低病原性鳥インフルエンザ
届出伝染病
鳥インフルエンザ（変更なし）

＊

　日本国内における「鳥インフルエンザ」の発生については、2003年（平成15年）時点では、過去78年間も発生していませんでした。
（1925年に千葉県で発生したものが、最後の「家禽ペスト」の発生例とされています）
　しかし、2004年（平成16年）1月12日に、実に79年ぶりに「鳥インフルエンザ」の発生が日本国内（山口県）で確認されたのです。

　その後は、世界各国での発生に呼応するように日本国内での発生も増えています。

　特に、渡り鳥が飛来し始めた2022年10月から2023年3月までには、国内で80例もの養鶏場などでの発生が確認されています。

＊

　日本では、海外に見られるような「鳥インフルエンザ用ワクチン」は、使っていません。

　その理由は、ワクチン使用によって、「鳥インフルエンザ」に罹った鶏などが死に至ることなく、その発生が確認しにくいことや他の鳥などに感染が広がることが懸念されるためです。

　このため、現在は「鳥インフルエンザ」が発生した場合、「殺処分」を基本としての対応が進められています。

7-2 「鳥インフルエンザ」の「型」とは

　「鳥インフルエンザ」は、そのウイルス表面にある「スパイク抗原」の種類によって、「型」(血清亜型)が分類され、「H3N8」「H7N9」などと言うように区分されます。

　「鳥インフルエンザ」の「病原体」は、「オルソミキソ・ウイルス」(Orthomyxovirus)であり、「一本鎖RNA」を遺伝子としてもつ「ウイルス」です。

　「鳥インフルエンザ・ウイルス」(AIウイルス)には、「表面抗原」が2種類あります。
　①1つは「ヘマグルチニン」(Hemagglutinin:HAタンパク質)で、「タイプ」(血清型)が15種類あります。
　②もう1つは、「ノイラミニダーゼ」(Neuraminidase:NAタンパク質)で、「タイプ」(血清型)が9種類あります。
　この種類の「組み合わせ」(「H」が「1~15」、「N」が「1~9」)によって、「鳥インフルエンザ」の「型」が決まるのです。

　「国立感染症研究所」の「感染症情報センター」(IDSC)によると、H5N1亜型の「鳥インフルエンザ・ウイルス」は、感染した鳥の「血液」「筋肉」「骨」を含むすべての部位に分布しており、このウイルスは便中では4℃で少なくとも35日間、37℃で少なくとも6日間、外気温中では数週間生存し、冷凍や冷蔵によっても不活化されない、と報告しています。

7-3 「インフルエンザ・ウイルス」と「宿主」について

　「ウイルス」は、「バクテリア」とは違って「生きた細胞内」でしか増殖できません。

　「バクテリア」は、適当な「温度」「湿度」「栄養」があれば、どのような場所でも自分自身で細胞分裂して増殖できますが、「ウイルス」は、「細胞」内でしか増殖できません。

　その結果として、「ウイルス」の棲みつく「宿主域(しゅくしゅいき)」は限られています。

　この性質によって、「ウイルス」は本来、「哺乳類」に感染するタイプは「哺乳類」だけ、「魚類」に感染するタイプは「魚類」だけ、「鳥類」に感染するタイプは「鳥類」だけ、というのが普通です。

　ところが、「インフルエンザ・ウイルス」と「ニューカッスル病ウイルス」(NDV)だけは、この原則を逸脱して、「哺乳類」にも「鳥類」にも感染できる、広い「宿主域」をもつ「ウイルス」なのです。

　「インフルエンザ・ウイルス」の本来の宿主は、「人」ではありません。

　「インフルエンザ」というと、「人」の間でのみ流行する「呼吸器病」と思われがちですが、じつは、「水かき」をもつ「水鳥」が、「インフルエンザ・ウイルス」の本来の「宿主」なのです。

　そして、この「水鳥」から、「豚」「馬」「人」に伝染するのです。

　また、「クジラ」「オットセイ」「アザラシ」などの「海獣類」や、各種の「海鳥」「鶏」などの「鳥類」にも伝染します。

7-4 「ウイルス株」の「命名法」について

「インフルエンザ・ウイルス株」の命名法は、国際的に決められており、「株の名前」だけで「ウイルスの由来」が分かるようになっています。

「鳥インフルエンザ・ウイルス株」の「命名」の例を、**図7-1**に示します。

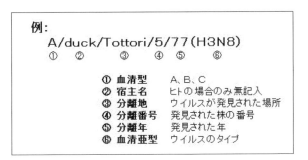

図7-1 「鳥インフルエンザ・ウイルス株」の命名法

ニュースなどで伝えられるのは、このうちの⑥の「血清亜型」で、これはウイルスの表面にある「スパイク抗原」の種類を表わしています。

「人」の「インフルエンザ」の場合も、この⑥の「血清亜型」や、①の「血清型」として報道されています。

上記の図7-1の例に示すように、最初に表記するのは、①の「血清型」です。

「血清型」は、「A型」「B型」「C型」の3つがあります。

一般に、「人」の「インフルエンザ」で使われている―「香港型」「ロシア型」と言うのは、「A型」の「血清型」の「亜型」です。

*

次は、②の「宿主名」で、「分離」（検出）された「動物名」を表記します。

上記の例では「duck」（アヒル）ですが、「人」の場合は省略することになっています。

　つまり、②の項に何も表記のない場合は、「人」から「分離」(検出)された「ウイルス」、ということになります。

＊

　次の③は、「分離地」で、「ウイルス」が「分離」(検出)された地名を表記します。

　例では、「Tottori」(鳥取)となっていますが、日本では「県名」を付与することになっています。

　「イギリス」や「ドイツ」では国名を付け、「米国」や「カナダ」などの広い国では、州の名前を付けることになっています。

＊

　④は、「分離番号」で、「ウイルス株」の番号を示しています。

＊

　次の⑤は、「分離年」を表わし、例では1977年に「分離」(検出)されたことを示しています。

＊

　最後の⑥は、「血清亜型」を示します。

　これは、「ウイルス」の表面にある、「スパイク抗原」の種類を表わしています。

　「スパイク抗原」とは、「ウイルス粒子」の外側にある、「鍵状」のものです。

　「スパイク」には、「HA」(単に「H」とも表現)と「NA」(「N」とも表現)の2種類があります。

【＊注記】
　「亜型」(亜種)とは、生物分類上の一階級であり、「種」の下の階級のことです。
　「種」として独立させるほど大きくないが、「変種」とするには相違点の多い一群の生に用います。
　「種」と「亜種」を区分する明確な基準はありません (例：北海道に生息している「キタキツネ」は、「キツネ」の「亜種」)。

　参考までに、「インフルエンザ・ウイルス」の「電子顕微鏡写真」を紹介します。

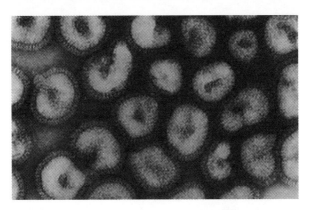

写真7-1「インフルエンザ・ウイルス」の「電子顕微鏡写真」
(「Field's Virology,3rd Edition」提供)

　丸く見える「ウイルス」の表面に、無数の「突起」(スパイク)が確認できます。

　この「スパイク抗原」が、「HA（ヘマグルチニン）」「NA（ノイラミニダーゼ）」に相当し、「ウイルス」の「血清型」(「H1N1」「H3N2」など)を決定しています。

7-5 「鳥インフルエンザ」における「高病原性」と「低病原性」の定義

　「病原性」(pathogenicity)とは、「細菌」や「ウイルス」などの「病原体」が、他の生物に「感染」して、「宿主」に「感染症」を起こす性質や能力のことです。

　「鳥インフルエンザ」における「高病原性」と「低病原性」の定義について、**表7-2**に示します。

表7-3「高病原性」と「低病原性」の定義

区 分	定 義
高病原性 鳥インフルエンザ	「国際獣疫事務局」(OIE)が作成した診断基準によって「高病原性鳥インフルエンザ・ウイルス」と判定された、「A型インフルエンザ・ウイルス」の感染による「家禽の疾病」を言う。 日本の「家畜伝染病予防法」では、「H5型」と「H7型」のすべての「鳥インフルエンザ・ウイルス」を、「高病原性」と定義している。
低病原性 鳥インフルエンザ	「H5型」または「H7亜型」の「A型インフルエンザ・ウイルス」(「高病原性 鳥インフルエンザ・ウイルス」と判定されたものを除く)の感染による、「家禽の疾病」を言う。

(出典:「高病原性」および「低病原性」の鳥インフルエンザに関する「特定家畜 伝染病 防疫指針」など)

7-6 「強毒性」と「弱毒性」の定義

「毒性」(virulence)とは、「病原体」の「毒力」のことで、「感染症を引き起こす能力」や「重症化させる能力」の強さを指します。

「強毒性」とは、「ウイルス」などの「病原体」によって「感染症」が発症したとき、「重症化させる能力」が強いことを示します。

「弱毒性」とは、同様の「感染症」が発症したとき、「重症化させる能力」が弱いことを示します。

表7-3 「強毒性」と「弱毒性」の定義

区 分	定 義
強毒性 鳥インフルエンザ	「H5型」および「H7型」の「鳥インフルエンザ・ウイルス」のうち、「致死率の高い」ものを指す。 日本の「家畜伝染病予防法」では、「H5型」と「H7型」のすべての「鳥インフルエンザ・ウイルス」を「高病原性」と定義している。「致死率」に大きな差が見られるため、「強毒性」「弱毒性」と呼び区分している。
弱毒性 鳥インフルエンザ	「H5型」および「H7型」の「鳥インフルエンザ・ウイルス」のうち、「致死率の低い」ものを指す。

7-7 近年の「鳥インフルエンザ」発生状況

表7-5に2022年7月以降に発生した「高病原性 鳥インフルエンザ」の発生状況を示します。

アジア地域では、「日本」「中国」「韓国」「台湾」などで「AI」(Avian Influenza：鳥インフルエンザ)が発生しています。

(2023年2月21日現在で型別に最新の発生事例を記載：出典OIEなど)

表中の「感染確認日」に［　］が付いているものは、野鳥および愛玩鳥などにおける発生を示しています。

表7-5　近年の「鳥インフルエンザ」発生状況

地　域	ウイルス型	病原性	感染確認日
ヨーロッパ			
アイスランド	H5N1	高	[2022.10.17]
アイルランド	H5N1	高	2022.11.18 [2023.01.23]
イタリア	H5N1	高	2022.12.22 [2023.02.09]
英国	H5N1	高	2023.02.12 [2023.02.07]
オランダ	H5N1	高	2023.01.26 [2022.12.23]
北マケドニア	H5N1	高	[2022.11.03]
スイス	H5N1	高	[2023.02.13]
スウェーデン	H5N1	高	[2023.01.31]
スペイン	H5N1	高	2023.02.04 [2022.01.18]
スロベニア	H5N1	高	[2023.02.02]
セルビア	H5N1	高	[2023.01.23]
デンマーク	H5N1	高	2023.01.16 [2022.01.22]
ドイツ	H5N1	高	2023.02.20 [2023.02.07]
ノルウェー	H5N1	高	2022.11.09 [2022.11.09]
	H5N5	高	[2022.10.03]
	H5	高	[2022.12.14]
ハンガリー	H5N1	高	2023.02.18 [2023.01.10]

フィンランド	H5N1	高	[2022.08.16]
	H5N5	高	[2022.09.17]
フェロー諸島	H5N1	高	2022.10.02
			[2022.09.22]
フランス	H5N1	高	2023.02.14
			[2022.01.30]
ブルガリア	不明	高	2022.10.20
	H5N1	高	2023.01.24
ベルギー	H5	高	[2022.07.08]
	H5N1	高	2023.01.24
			[2023.02.13]
ポーランド	H5N1	高	2023.02.17
			[2023.02.14]
ポルトガル	H5N1	高	2022.09.27
			[2022.11.15]
モルドバ	H5N1	高	2023.01.19
リユニオン	H5N1	高	2022.10.01
ルーマニア	H5N1	高	2023.01.28
			[2023.02.08]
チェコ	H5N1	高	2023.02.17
			[2023.02.07]
オーストリア	H5N1	高	2023.01.30
			[2023.02.07]
スロバキア	H5N1	高	2023.01.31
			[2023.01.31]
キプロス	H5N1	高	[2022.11.28]
			2022.11.24
アジア			
日本	H5N1	高	2023.02.10
			[2023.02.17]
中国	H5N1	高	[2022.07.09]
韓国	H5N1	高	2023.01.12
			[2022.10.20]
台湾	H5N1	高	2023.02.17
	H5N2	高	2023.02.08
	H5N5	高	2023.01.18
香港	H5N1	高	[2022.12.05]
イスラエル	H5N1	高	2023.01.11
			[2022.01.19]
フィリピン	H5N1	高	2022.12.16
ベトナム	H5N1	高	2022.10.03
南北アメリカ			
米国	H5N1	高	2023.02.07
			[2023.01.25]
	H5N4	高	2022.09.10

カナダ	H5N1	高	2023.02.09
	H5	高	[2022.08.19]
メキシコ	H5N1	高	2023.01.02
			[2022.12.06]
パナマ	H5N1	高	[2023.02.03]
エクアドル	H5N1	高	2023.02.09
	不明	高	[2022.12.12]
コロンビア	H5N1	高	2023.01.26
ベネズエラ	H5N1	高	[2022.11.17]
ペルー	H5N1	高	2022.11.30
	不明	高	[2022.11.10]
ホンジュラス	H5N1	高	[2023.01.09]
チリ	H5N1	高	[2023.02.06]
コスタリカ	H5	高	[2023.01.25]
ウルグアイ	H5	高	[2023.02.14]
グアテマラ	H5N1	高	[2023.01.26]
アルゼンチン	不明	高	2023.02.16
			[2023.02.15]
ボリビア	H5N1	高	2023.02.03
	H5N1	高	[2023.02.01]
キューバ	H5N1	高	[2023.02.04]
ロシア・NIS 諸国			
ロシア	H5N1	高	2023.01.26
			[2023.02.02]
アフリカ			
南アフリカ共和国	H5N1	高	2023.01.06
	H5N2	高	2022.11.29
	H5N1	高	[2022.12.01]
ニジェール	H5N1	高	2022.12.18
ナイジェリア	H5N1	高	2022.12.19

　表7-5は、2023年2月21日現在での「2022年7月以降の鳥インフルエンザの発生状況」を掲載しています。

　実に多くの国々で発生していることが分かります。

　日本では、2022年10月から2023年3月の間に「採卵鶏」の養鶏場などで80例もの「鳥インフルエンザ」が発生し、「採卵鶏」の殺処分が1500万羽を超え、全国で飼育している羽数の1割超となりました。

　このため、鶏卵価格が高騰し、Mサイズ1kgあたりの卸売価格が2023年3月16日には345円となり、過去最高値を更新するという事態になりました。

　ヒトが「鳥インフルエンザ」に罹ることはあるのかというと、「鳥インフルエンザ」に罹った鳥の「羽」や「粉末状になったフン」を吸い込んだり、その鳥の「フン」や「内臓」に触れてウイルスに汚染された手から鼻へウイルスが入るなど、ヒトの体内に大量のウイルスが入ってしまった場合に、ごくまれに感染することが報告されています。

　海外では、人から人へ感染したことが疑われる事例も報告されています。

　患者の世話をした家族が感染するなど、ある程度の期間、密接に患者と接触したことによる感染と考えられています。

　日本では、この病気にかかった鶏の殺処分や養鶏場の消毒などを徹底的に行なっているため、通常の生活では病気の鶏と接触したり、「フン」を吸い込んだりするようなことは、ほとんどないので、ヒトが「鳥インフルエンザ」に罹る可能性はきわめて低いと考えられています。

　また、「たまご」や「鶏肉」を食べることによって「鳥インフルエンザウイルス」に感染した例は報告されていません。

　鳥が感染する病気は、「鴨」などの「渡り鳥」によって伝播するため、一般の輸入食品のように発生地域からの侵入を意図的に制限することができません。

　このことから、「鳥インフルエンザ」に関しては、世界的な情報ネットワークでの監視や防疫活動が重要なのです。

Column　鶏と卵の研究所

　日本の「たまご」の未来のために、採卵養鶏業界の調査、研究部門を目指して世界の情報を収集している、「鶏と卵の研究所」というところがあります。

　下記のURLで鳥インフルエンザなどの最新情報をチェックしてみてください。

鶏と卵の研究所
https://eggnbl.com/

附　録

附録として、以下の3つを収録しています。

附録A 「たまご」のQ&A50

ここでは、「たまご」に関する、さまざまな疑問を解き明かしていきます。

「たまご」(鶏卵)に関する「50の疑問」について、以下のようなカテゴリに分けて、「Q&A方式」で解説しています。

http://takakis.la.coocan.jp/q&a.htm

カテゴリ	Q&Aの内容	NO
1	「たまご」の「色」や「形」	1〜11
2	「たまご」の「栄養」	12〜16
3	「たまご」の「賞味期限」と「保存方法」	17〜18
4	「鶏」と「ヒヨコ」	19〜28
5	「たまご」の「調理」「料理」	29〜33
6	「たまご」の「品質」「鮮度」	34〜37
7	「たまご」の「価格」「流通」	38〜44
8	「その他」のQ&A	45〜50

Category ① 「たまご」の「色」や「形」

[Q1]　「双子たまご」(二黄卵)は、なぜ出来るのか。

[A1]　「卵黄」が「2〜3つ」入っている「たまご」のことを、「複黄卵」と言います。

「黄身」が「2つ」入っていれば「二黄卵」と呼ばれ、「3つ」入ったものは「三黄卵」と呼ばれています。

これは、「2個」または「3個」の成熟した「卵胞」(卵黄)が、同時に「排卵」されるか、または、先に「排卵」された「卵胞」が、「鶏」の「卵管上部」にあるときに「排卵」され、これら複数の「卵胞」が「輪卵管」を通過するときに、「卵白 分泌部」から分泌された「卵白」に包まれ、そのまま「産卵」されたものです。

「複黄卵」の大部分は、「産卵器官」が成熟していない「若い鶏」が産出することが多く、原因としては、「産卵初期」のため、「産卵リズム」や「ホ

ルモンの分泌機能」が不安定であることからです。

初産開始後「2週間～2ケ月」程度の期間に多く見られますが、「日齢」(鶏の年齢)の経過に伴って、「産卵リズム」や「ホルモンの分泌機能」が安定するため、徐々に少なくなります。

ですから、食するのにあたっては、「黄身」の数が多いだけで、何ら問題のない「たまご」なのです。

1個の「たまご」で複数の「目玉焼き」が出来ますから、"お得"なのかもしれません。

[Q2] 割ってもいないのに、なぜ「双子たまご」だとなぜ分かるのか。

[A2] 養鶏場の「たまご」の「直売店」などで、たまに「双子たまご」を売っているのを目にすることがあります。

割ってもいないのに、どうして「双子たまご」(二黄卵)だと分かるのでしょうか。それには、"ヒミツ"があるのです。

[Q1]でも説明したように、「双子たまご」は、「たまご」を産みはじめた「若い鶏」が産みます。

産みはじめの「若鶏」は、通常は「小さなたまご」(「初たまご」と呼ばれる)を産むのです。

ところが、ある日、普通より「大きなたまご」(LLサイズ以上)を産むことがあります。

これが、「双子たまご」です。

中には、「黄身」が1つしか入っていない場合もありますが、ほとんどは「二黄卵」です(「三黄卵」は非常に稀)。

「養鶏場」の人は、自分の育てている「鶏」の「年齢」(「鶏」は「日齢」を使う)を知っているので、「若い鶏」の群で産まれた「大きなたまご」は、「双子たまご」だと分かるのです。

[Q3] 「赤玉」と「白玉」では、「栄養価」は異なるのか。

[A3] 「カラ」が褐色の「赤玉」と呼ばれる「たまご」がありますが、「白いたまご」との違いは、じつは「鶏」の種類によるものです。

一般的に、「毛の色」が「褐色の鶏」が「赤玉」を産み、「白い鶏」が「白玉」を産むと言われています。ただ、これには例外もあり、実際には「鶏種」（鶏の種類）によって、「たまご」の「カラの色」が決まります。

一般に、「赤玉」のほうが値段も高いようですが、「栄養的な差」はありません。「カラの色」は、「栄養価」とは無関係なのです。

ただ、「ヨード卵 光」などの「特殊卵」に「赤玉」が多く使われていることから、「赤玉＝高級感」という意識が消費者の中にあるのかもしれません。

[Q4] 「黄身の色」が「濃い」ほうが、「栄養価」は高いのか。

[A4] 買った「たまご」によって、「黄身の色」がずいぶん違うことがあります。

どちらかと言えば、「やまぶき色」に近い、「やや濃い色の卵黄」に人気があり、「薄い色の卵黄」は「栄養価」が低い、と誤解している人も少なくありません。

「黄身の色」の濃淡は、「黄色とうもろこし」や「乾燥アルファルファ」などの「配合飼料 素材」の割合によって、異なってくるのです。

「卵黄色」の濃淡の違いは、「栄養価」には直接に関係ありません。

「黄身の色」を濃くする「エサ」として、よく利用されているのは、「黄色とうもろこし」「アルファルファ（マメ科の牧草）」「パプリカ（ピーマンやトウガラシの仲間）」「にんじん」などがあります。

[Q5]　「黄身」に付いている「白い紐（ひも）状のもの」は何か。

[A5]　「たまご」を割ったときに、「黄身」に「白い紐状のもの」が付いています。

　これは、「カラザ」と呼ばれるもので、「卵黄」を「たまご」の真ん中に吊り下げる、"ハンモック"のような役目をしています。

　「卵黄」のいちばん外側の薄い膜を「カラザ層」と言い、これが"ハンモック"の「網」の部分になります。

　つまり、「紐状」の「カラザ」は、"ハンモック"の「紐」にあたるわけで、「鈍端部」（「たまご」の丸いほう）は、2本の「カラザ」が左巻きにねじれて糸状になり、「鋭端部」（「たまご」の尖ったほう）では1本が右巻きにねじれています。

　「カラザ」を取り除いて食べる人もいますが、成分は「タンパク質」ですし、「シアル酸」という、私たちのからだの「細胞」を守る大切な成分が含まれているので、そのまま食べたほうがいいのです。

[Q6]　「卵形係数」とは何か。

[A6]　「たまご」の「短径」を「長径」で割って、「100」を掛けたものを、「卵形係数（たまごがたけいすう）」と言います。

　「卵形係数」の値の大きいものは「丸く」、小さいものは「細長く」なります。

　Mサイズ「60g」の「たまご」の「卵形係数」の標準は、「74」です。

　一般的な「たまご」は、「70～75」の値です。

161

[Q7] 「たまご」の「L玉」と「M玉」には、どんな違いがあるのか。

[A7] 「スーパー」などで見掛ける「たまご」の、「L玉」や「M玉」といった表記は、農林水産省が定めた取引規格によって選別されたものを表わし、「たまご」の合理的な価格決定や、消費者に選択の基準を示すことを目的としています。

たとえば、「L玉」は1個の重量が「64g〜70g」未満のもの、「M玉」は「58g〜64g」未満のもの、と定められています。

ところで、この「L玉」と「M玉」は、「たまご」の大小にかかわらず、中の「卵黄」の大きさは、ほとんど同じなのです。

つまり、「大きなたまご」は「卵白が多い『たまご』」、「小さいたまご」は「卵白が少ない『たまご』」と言うことになります。

ですから、「料理の目的」や「嗜好」に合わせて選ぶのが、上手な買い方と言えるでしょう。

> 【＊注記】
> 　第2章「経済学コーナー」に、「たまごの取引規格」について解説しています。参考にしてください。

[Q8] 「たまご」は、どうして「たまご型」なのか。

[A8] 「たまご」は、「まん丸」ではなく、いわゆる「たまご型」をしています。

「カメ」や「魚」の「たまご」は「まん丸」ですが、それらは「鳥」と違って「地中」や「水中」に「たまご」を産みます。

それに比べて「鳥類」は、「ヘビ」などの他の動物に「たまご」を取られないように、昔から高い木の上に巣を作って「たまご」を産んでいました。

「たまご」は、「球形」に近い形をしているので、高い巣から転がり落ちると大変です。「まん丸」だと、そのまま転がって落ちてしまいますが、「たまご型」だと、転がっても元の位置に戻ってきます。

つまり、"転がっても落ちないための形"として、「たまごの形」（たまご型）になったのではないか、と考えられています。

[Q9] 「たまご」には、上下があるのか。

[A9] 「スーパー」などで売っている際、「たまご」は、「鋭端」(尖ったほう)を「下」にして、パックに入っています。

その理由は、「鈍端」(丸いほう)よりも「鋭端」の強度が強いからです。

「たまご」は、「鶏」から産まれるとき、通常は「鋭端」から産み落とされます。

「たまごのカラ」は、「鋭端」のほうが「鈍端」よりも強度が高いのは、そのためかもしれません。

「鶏」の体内の「卵殻腺部」(らんかくせんぶ)(「カラ」が形成される部分)では、「85〜90%」の確率で、「たまご」の「鋭端」が「下」(出口方向)を向いています。

しかし、「卵管」内を移動するときに、回転して「逆子」(逆向き)になる場合もあります。

以上のことから、「たまご」は「鋭端」(尖ったほう)が「下」で、「鈍端」(丸いほう)が「上」、というのが正しいのではないでしょうか。

ちなみに、「パック」に入って売っている「たまご」は、「GPセンター」という施設で、「鋭端」が「下向き」になるように、マシンで揃えられます(輸送中の「割れ」を防ぐため)。

[Q10] 「血」の入った「たまご」は、食べても大丈夫なのか。

[A10] 「卵黄」の表面に「血液」(血斑)が付着している状態の「たまご」を、「血卵」(血斑卵)と言います。

これは、以下のような、大きく2通りの原因があります。

① 「たまご」が形成されるときに、「親鶏の血」が混入する場合
② 「胚」が成長して、「血管」が形成される場合

通常、「スーパー」などで売っている「たまご」は、「無精卵」なので、この場合は①が該当します。

また、「有精卵」の場合は、「保存状況」(保存温度)にもよりますが、②の原因も考えられます。

「たまご」が形成されるときに「親鶏の血」が混入する原因は、「鶏」に一時的に何らかの「ストレス」(「大きな音」など、驚くようなこと)が加わった場合に、「卵巣」あるいは「輪卵管」の「毛細血管」が破壊され、そこから流出した「血液」が、「卵黄膜」に付着するものです。

これは、食用に供しても何ら問題はありませんが、消費者が嫌うため、商品価値は下がってしまいます。

[Q11] 「白身」が濁っている「たまご」があるのは、どうしてか。

[A11] 「卵白」が「薄く白い色」(白濁)に濁っている「たまご」があります。

じつは、これは、新鮮な「産みたて」の「たまご」である証拠です。

新鮮な「たまご」の「卵白」には、「炭酸ガス」(二酸化炭素)が多く含まれているため、「白濁」して見えるのです。

「炭酸ガス」は、時間の経過とともに、次第に「カラ」の表面にある「気孔」と呼ばれる「小さな穴」から抜けていきます。

この「炭酸ガス」は、「たまごの鮮度」を保つのに、有効です。

「たまご」の「栄養」

[Q12] 「たまご」に「骨粗鬆症」の予防効果がある、というのは本当か。

[A12] 「骨粗鬆症」とは、「骨の組織」がスカスカになって「骨折」しやすくなる病気で、「成人病」の1つと言われています。

人間の体が「骨」を作るうえで必要な「栄養素」としては、「カルシウム」が有名ですが、実際は、「タンパク質」の働きが重要なカギを握っています。

そのうえ、「ビタミンC」「ビタミンD」「ビタミンK」、さらに「鉄分」「マグネシウム」「亜鉛」「リン」など、多くの「栄養素」の助けが必要です。

「たまご」の中には、上記のうち、「ビタミンC」を除いたすべての栄養素が含まれています。

こうした理由から、「たまご」は、「骨粗鬆症」の予防に役立つと言われているのです。

[Q13] 「たまご」が「風邪」に良いと言うのは、本当なのか。

[A13] 最近、「塩化リゾチーム配合」を前面に出した「風邪薬」が増えています。

この「塩化リゾチーム」の原料は、「たまご」の「白身」に含まれている「リゾチーム」という「酵素」です。

1922年に、「ペニシリン」の発見で有名なフレミング氏によって、「リゾチーム」が「細菌」を溶かす「酵素」であることが突き止められました。

「リゾチーム」の薬効の特徴は、①「細菌」の「細胞壁」を分解して殺してしまうことと、②「免疫力」を高めるメカニズムをもっていることです。

　「卵白」中には、「0.3〜0.4%」の「リゾチーム」が含まれているので、"「風邪」を引いたら、「たまご」で栄養補給する"という考え方は、とても理に適っていると言えます。

　「リゾチーム」は、現在、広く「一般医薬」に使われており、「風邪薬」はもちろん、「歯周病予防剤」「目薬」などでも大活躍しているのです。

　「たまご」は、このように、「食用」としてだけではなく、「医療」の分野でも役に立っているのです。

[Q14]　「たまごのカラ」が「カルシウム剤」になる、というのは本当か。

　[A14]　「たまごのカラ」(卵殻)は、「約94%」が「炭酸カルシウム」で、「カルシウム」の補給には大変良いのです。

　一般家庭でも「カラ」が出ますが、何といってもたくさん出るのは、「液卵」を作っている「液卵工場」や、「マヨネーズ工場」です。

　再利用については、いろいろと考えられていて、砕いて「粉」にしたものや、それを固めて「カルシウム剤」としたものが、実際に販売されています。

　「たまごのカラ」をパウダー状にした、料理に加えるための「ふりかけ たまごカルシウム」(東洋キトクフーズ)という商品も売っています。

　また、「スナック菓子」や「麺類」に混ぜて使われることもあります。

　「スナック菓子」の成分表示に、「卵殻カルシウム」と書いてあるものがあり、これは「栄養強化」と「口あたりを良くする」のに、効果があります。

　また、「卵殻」は、「黒板用のチョーク」や「運動場のライン引き」などにも、加工利用されています。

[Q15]　　「有精卵」のほうが、「無精卵」よりも「栄養価」が高いのか。

[A15]　　一般に「スーパー」などで売っているのは、「ケージ飼い養鶏」（仕切ったカゴで「鶏」を飼う方法）の「無精卵」です。

　最近は、「デパート」や「スーパー」でも、「有精卵」を見掛けることが多くなりました。

　「有精卵」の生産には、「雄鶏」も一緒に飼う必要があります。

　完全な「有精卵」（10個中の10個が「有精卵」）となるようにするには、10羽の「雌鶏」に対して1羽程度の「雄鶏」が必要だと言われています。

　つまり、「たまご」を産む「雌鶏」以外に、「雄鶏」を飼うための「餌代」が別に掛かることになります。

　また、「ケージ飼い」よりも広い飼育場所が必要なため、「一般卵」（無精卵）よりも高価になっています。

＊

　「栄養価」の違いについては、分析しても差はほとんど認められません（**表A-1**参照）。

　ただ、「有精卵」は、温めると「ヒヨコ」になる力をもっているため、「無精卵」よりも「栄養的」に優れていると思っている人が多いのではないでしょうか。

　また、「雄」と「雌」を「放し飼い」の状態で飼うことから、自然に近い飼育方法が好まれているのかもしれません。

表A-1「有精卵」の成分比較

成分	単位	有精卵	無精卵
水分	%	74.3	74.6
脂肪	%	11.8	11.6
タンパク質	%	12.9	12.9
糖質	%	0.4	0.4
灰分	%	1.0	1.0
カルシウム	mg%	100	98
鉄	mg%	6.0	6.0
リン	mg%	770	780
ビタミンA	IU	1100	1100
ビタミンB1	mg%	0.14	0.15
ビタミンB2	mg%	0.06	0.06

　「栄養成分」の分析では、差はほとんど見られませんが、現在の分析方法では計りしれないものが含まれている可能性は、ないとも言えません。

[Q16] 「卵黄コリン」というのは何か。

[A16] 最近、新聞や雑誌で、「卵黄コリン」の話題や広告をよく目にします。

「コリン」とは、「リン」を含んだ「脂質」の一種で、

・「細胞膜」を構成する
・「細胞」の中に「栄養素」を取り入れる
・「細胞」から「老廃物」を排泄させる

といった役割をもつ物質です。

具体的には、「コレステロール」を調整するなどの「脂質代謝」や、「肝機能の改善」といったことを行なっており、注目されている成分です。

また、「神経細胞の伝達」に重要な役割を果たしているのが、「コリン」から合成される、「アセチルコリン」と呼ばれる物質です。

そして、「卵黄コリン」と言うのは、「卵黄」に含まれている「コリン」のことです。

最近、「ビタミンB12」と同時に摂取することによって、「脳」の中で「アセチルコリン」が効率良く合成されることが確認されました。

これによって、より多くの「信号の伝達」が可能になり、「脳を活性化させて記憶力もアップ」し、「脳の老化や認知症防止に有効」と各方面から注目されています。

Category ③ 「賞味期限」と「保存方法」

[Q17] 「たまご」の「賞味期限」とは。

[A17]　平成11年11月1日から、食品衛生法によって、「たまごのパック」などへの「賞味期限表示」が義務付けられることになりました。

　この表示は、あくまでも「生」で食べれる期間を示しています。

　「賞味期限」の過ぎたものでも、「加熱調理」をすれば食べられます。

　「たまごのパック」などへの表示項目としては、この「賞味期限」のほかに、「農林水産省規格のサイズ（L、Mなど）」「卵重（1個あたりの重さ）」「卵重計量責任者」「包装場所」「保存方法」「使用方法」があります。

　「保存方法」には、「冷蔵庫（10℃以下）で保存してください」というように、必ず10℃以下で冷蔵保存することを明示します。

　また、「使用方法」には、「『生食』の場合は『賞味期限内』に使用し、『賞味期限後』は充分『加熱調理』してください」と言うように、「賞味期限後」は、充分に「加熱調理」して食べることを明示する必要があるのです。

[Q18] 家庭では、「たまご」は洗わないほうがいいのか。

[A18]　現在、「たまご」は、ほとんどが「GPセンター」と呼ばれるところで、お湯で「洗卵」して出荷されています。

　それでも、「カラ」の表面に「汚れ」が残っていることがあります。

　これを気にして、再度「たまご」を洗う人がいますが、じつは、家庭では洗わないほうがいいのです。

　家庭で「たまご」を洗うと、「カラ」にある「気孔」という「小さな穴」から、

169

「雑菌」が「水」と一緒に「たまご」の中に入ってしまったり、また、中途半端な洗い方をすると、かえって「カラ」の表面の部分的な汚れが広がったりして、具合が悪いのです。

　目につくような「汚れ」は、そっとふき取るだけにして、なるべく洗わずにいたほうが鮮度を保てます。

Category④　「鶏」と「ヒヨコ」

[Q19]　「たまご」のどの部分が、「ヒヨコ」になるのか。

［A19］　「たまご」のどの部分が、「ヒヨコ」になるのでしょうか。

　「生たまご」を割ると、「卵黄」の表面に、「直径3〜4mm」の「白い輪」を確認できます。これが「有精卵」(受精卵)では「胚盤」(「胚」とも言う)で、「無精卵」(不受精卵)では「卵子の卵核」のあったところです。

　ですから、この小さな「白い輪」の部分が、「ヒヨコの素」ということになります。

　その他の大部分を占める「卵白」や「卵黄」は、「ヒヨコ」が孵るための栄養素として使われます。

*第1章「生物学コーナー」に「たまごの構造図」を掲載しているので、参考にしてください。

[Q20]　「たまご」は産まれるときに、どの向きで出てくるのか。

[A20]　「たまご」は、産まれ出てくる前（「鶏」の体内にあるとき）から、すでに「たまご型」になっています。

　「たまご」には、「鋭端」（尖ったほう）と「鈍端」（丸いほう）があり、通常は、「鋭端」から産み落とされます。

　「たまごのカラ」は、「鋭端」のほうが「鈍端」よりも強度があるのですが、こういったことが理由かもしれません。

　「鶏」の体内の「卵殻腺部」では、「85〜90％」の確率で、「たまご」の「鋭端」が「下」（出口方向）を向いています。

　しかし、「卵管」内を移動するときに、回転して「逆子」（逆向き）になって産み落とされるものもあります。

　産まれた直後の「たまごのカラ」は、すでに硬くなっていて、濡れたように光っています。

　この表面の「粘液」のようなものは、すぐに乾いて「クチクラ層」を作り、「細菌」の侵入を防ぐ「ガード」の役目を果たします。

[Q21]　「鶏」は、「交尾」しなくても「たまご」を産むのか。

[A21]　「鶏」は、「交尾」をしてもしなくても、「約25時間に1個」の割合で「たまご」を産みます。

　「鶏」の「産卵」は、いわゆる「排卵」ですから、「交尾」とは無関係なのです。

　「交尾」をしていれば「有精卵」（受精した「たまご」）が産まれ、「交尾」をしていなければ「無精卵」が産まれます。

最近は、「有精卵」が「特殊卵」として売られています。

　「スーパー」などで売っている「普通の『たまご』」は、「雌鶏」のみが、「ケージ」と呼ばれるカゴの中に「1〜数羽」ずつ入れられていて、「無精卵」を産んでいます。

[Q22]　「孵化」の過程における、「卵黄」と「卵白」の役割は何か。

[A22]　「孵化」の過程における、「卵黄」と「卵白」の役割は、次の通りです。

①「卵白」の役割

「卵白」は、「ヒヨコ」の素になる「胚」を、「雑菌」から保護する役目があります。

「卵白」中には、「リゾチーム」という、「風邪薬」の素にもなる溶菌作用のある成分が含まれています。

これによって、「たまご」の中に「細菌」が侵入するのを防いでいます。

また、「卵白」は栄養豊富な「タンパク源」（プロテイン）なので、「ヒヨコ」が成長するため（「胚」が細胞分裂して「ヒヨコ」になるまで）の「栄養補給源」となります。

②「卵黄」の役割

「卵黄」は、「ヒヨコ」が「孵化」したときは、「ヒヨコ」のお腹の中に取り込まれています。

「ヒヨコ」は、「誕生」から「消化器官が安定」するまでの「約50時間」は、エサを食べません。

この間は、お腹に取り込んだ「卵黄」の栄養を使って成長するのです（一部は、「孵化」までの栄養補給に使われます）。

魚の「鮭」について、「稚魚」が「たまご」から孵ったときに、お腹に「イクラ」の栄養分を包み込んでいるのを、見たことがあると思いますが、これとよく似ています。

[Q23]　「ヒヨコ」の「雌雄」は、どのように鑑別するのか。

[A23]　「ヒヨコ」(ヒナ)の「雌雄」の鑑別は、「孵化場」で、「ヒヨコ」が産まれた直後に、「初生ひな鑑別師」が行ないます。

「食肉用の鶏」である「ブロイラー」では、「雌雄」は無関係です。

しかし、「採卵用の鶏」(レイヤー)にとっては、「たまご」は「メス」しか産めないので、「雌雄」の鑑別作業は大変重要です。

この鑑別作業には、「正確さ」と「スピード」が大切です。

＊

主な「雌雄 鑑別方法」には、以下の3種類があります。

① 肛門 鑑別法

「肛門 鑑別法」は、従来から行なわれている最も一般的な方法です。「ヒナ」の肛門の奥にある、「退化交尾器」の有無によって判定し、「小突起」があれば「雄」、無ければ「雌」ということになります。

② 翼羽 鑑別法

「翼羽 鑑別法」は、「鶏種改良」を行ない、「羽根の形」から「雌雄」を判別できるようにした方法です。

「ジュリア」という品種などが、この方法で鑑別されています。

③ カラー鑑別法

「カラー鑑別法」も、「翼羽 鑑別法」と同じく、「鶏種改良」で、「ヒナの外見」から鑑別を可能とした方法です。

「イサ・ブラウン」という品種(鶏種)などが、この方法で鑑別されています。

【＊注記】
詳細については、第4章の「養鶏学コーナー」で解説しています。

[Q24]　「鶏」の「祖先」は、どんな鳥か。

[A24]　「鶏」の「祖先」は、「野鶏」(野生の鶏)の一種である「赤色野鶏」と考えられています。

　この鳥は、今でも「インド」から「マレー半島」「スマトラ」「フィリピン」などに、「野鳥」として生息しています。

　それらの鳥が次第に飼い慣らされて、今の「鶏」(庭先の鳥)になったと言われています。

　「採卵用」に改良された「鶏」には多くの品種がありますが、実際に「採卵」に使われる「鶏」を、「コマーシャル鶏」(実用鶏)と呼んでいます。

[Q25]　「鶏」は、どうして毎日のように「たまご」を産むのか。

[A25]　[Q24]で解説したように、「鶏」の祖先は、「赤色野鶏」だと考えられています。

　「野鶏」は、今の「採卵用の鶏」と違って、年に数個の「たまご」を産み、温めて「ヒナ」を孵していました。

　それらの「鶏」の品種を改良した結果、今のように1日に1個の「たまご」を産む「鶏種」(品種)が誕生したわけです。

　また、「鶏」の「産卵」(排卵)には、「光線」(太陽の光)が重要な役割を果たしています。

　「光」が、「視神経」「視床下部」「脳下垂体」と伝わり、「性腺刺激ホルモン」の分泌を促進することによって、「卵巣」が発達します。

　生物は本来、子孫を残すことを目的として「たまご」を産み (排卵)ますが、今の「採卵用」の「養鶏場」では、「たまご」を産むと、すぐにカゴの外

へ転がっていくので、「ケージ飼い」の「鶏」は、「たまご」を抱くことを知りません。

　鳥は、「たまご」を抱いている間は、次の「たまご」を産まないため、このような仕組みは、非常に効率がいいのです。

　「品種改良」の結果と、「鶏」の今の生活環境が、たくさんの「たまご」を産むようにしたのです。

[Q26]　日本で飼われている「鶏」の数は、どれくらいか。

[A26]　日本では、なんと人口の「約2倍」もの「鶏」が飼われています。
　令和元年の日本の人口は、「約1億2,600万人」(126,144千人)ですが、飼育されている「鶏」は、「約2億8,000万羽」(280,020千羽)になります。

　「鶏」の内訳は、

・採卵用の鶏（レイヤー）
　…約1億4,200万羽（141,792万羽：令和元年データ）
・食肉用の鶏（ブロイラー）
　…約1億3,800万羽（138,228千羽：平成31年データ）

となっています。
　思っているよりも、多くの「鶏」が飼われているのです。

[Q27] 青い色の「たまご」を産む「鶏」がいる、というのは本当か。

[A27] 「アローカナ」という「鶏種」(「鶏」の種類)は、「カラ」が、「薄い緑色」または「青色」の「たまご」を産みます。

この色の特異さから、消費者に珍しがられて人気があり、「たまご」の「直売店」などで売られています。

[Q28] 「ウコッケイ」とは、どのような「鶏」か。

[A28] 「ウコッケイ」(烏骨鶏)は、「中国」の「江西省 泰和県」が原産地だと言われています。

名前が示す通り、「鶏冠」(トサカ)から「皮膚」「骨」「肉」までもが、「紫黒色」をしています。

また、「羽」が「シルク」のように艶やかなのが特徴で、別名「シルキー」とも呼ばれています。

「中国」では、古来、「薬鶏」(霊鶏)として珍重飼育され、その美しさや滋味に富んでいることから、「王侯貴族」や「権力者」のみが食していたと伝えられています。

この「鶏」の「たまご」や「肉」は、現在でも「中国」で「漢方薬」として用いられ、珍重されています (「肉」は、普通の鶏に比べて、「アミノ酸」「鉄分」の含有量が高い)。

また、この「鶏」は、あまり多くの「たまご」を産まないため (1週間に1〜2個)、高価な「たまご」としても有名です。

Category ⑤ 　**「たまご」の「調理」「料理」**

[Q29]　　「ゆでたまご」の「カラ」(うす皮)が剥きにくいときがあるのは、なぜか。

[A29]　　「産みたての『たまご』」は、「ゆでたまご」に向かないと言われています。

　アメリカには、"「ゆでたまご」は、一日置いてから作れ"という諺があるそうです。

　たしかに、「産みたての『たまご』」をすぐに茹でると、「白身」がバサバサして、「舌ざわり」も「歯ごたえ」も悪く、おいしくありません。

　また、「産みたての『たまご』」は、「カラ」(うす皮)と「白身」がくっ付いて、うまく剥けないことが多いようです。

　これは、「産みたての『たまご』」の「白身」に、「炭酸ガス」(二酸化炭素)が多く含まれているためです。

　この「炭酸ガス」は、保存しているうちに「カラ」にある「気孔」(小さな穴)から抜けていくので、ある日数が経てば、「ゆでたまご」の味も良くなり、「カラ」も剥きやすくなります。

　その日数は、「室温保存」なら「2日目」ぐらいから、「冷蔵庫保存」なら「8日目」ぐらいから、と言われます。

　「たまご」にも、「食べごろ」があるというわけです。

【Q30】　「ゆでたまご」の「黄身」の表面が、"黒っぽく"なることがあるのは、なぜか。

　[A30]　「たまご」を「15分」以上茹でると、「卵白」の「タンパク質」中にある、「硫黄（いおう）」を含んだ「アミノ酸」が、「熱」によって分解して、「硫化水素」という気体になります。

　これが、「卵黄」中の「鉄分」と結合して、「黄味」と「白身」の間に沈着して、"黒っぽく"なります。

　そして、「卵黄」中の「カロチノイド色素」と混合して、「暗緑色」に変色します。

　この変色は、「高温度」で「長時間」加熱するほど、発生しやすくなります。

　これを防ぐには、茹でた後にすぐ「水」に浸けて、「余熱」を取ればいいのです。

【Q31】　「温泉たまご」は、なぜ「黄身」が先に固まるのか。

　[A31]　「ゆでたまご」は、「白身」から先に固まるのに、「温泉たまご」は、なぜ「黄身」から先に固まるのでしょうか。

　「たまご」の「黄味」と「白身」では、「固まる温度」が違います。

　「熱」を加えると、通常は、外側から固まりはじめますが、その常識を打ち破った料理が「温泉たまご」なのです。

　「温泉たまご」は、「黄味」はほどよい固さですが、「白身」はまだ"トロッ"としています。

　このため、「芯から先に温まる」と意味を込めて、「温泉たまご」と命名されたという説もあるようです。

　「たまご」の「タンパク質」は、「60〜70℃」で固まりますが、じつは、「白身」と「黄味」では、この「凝固温度」に微妙な差があります。

　「白身」が固まりはじめるのは「58℃」ですが、「80℃」近くでなければ完全には固まりません。

　一方、「黄味」は、「65～70℃」で固まりはじめ、この温度を保てば、ほぼ完全に固まります。

　この性質を見事に利用したのが、「温泉たまご」というわけです。

[Q32]　「黄身返しのたまご」とは何か。

[A32]　「黄身返し(きみがえ)のたまご」とは、江戸時代に書かれた「万宝料理(まんぽうりょうり)秘密箱(ひみつばこ)」という「料理書」に載っている、「黄身」と「白身」が逆転（「黄身」が「外側」で、「白身」が「内側」）している「ゆでたまご」のことです。

　この本は、天明5年 (1785年) に刊行されていますが、この中の「卵(たまご)百珍(ひゃくちん)」という項で、以下のような「黄身返しのたまご」の作り方が紹介されています。

＜作り方＞（原文を現代文に直したもの）

　新鮮な「地卵」を、針で「頭(かしら)」のほうへ「一寸」(約3cm)ばかり穴をあけ、「糠味噌(ぬかみそ)」へ「3日」ほど漬けておいてから取り出し、水でよく洗う。

　これを「ゆでたまご」にすると、「たまご」の「黄身」と「白身」が入れ替わり、中の「黄身」が外側になり、「白身」が真ん中に入る。

　これを「黄身返し」という。

＜解説＞

新鮮な地卵 …実際には「有精卵」であることが条件とされています。

頭(かしら)のほうへ … 「たまご」の「鈍端」(気室のある丸い方)のこと。

穴をあけ …… 「卵黄膜」が破れるくらいの長さの針で、穴をあけます。

　※実験によると、「有精卵」でかつ「3日」程度経ってからのものが、「卵黄膜」が破れたときに「黄身」と「白身」が入れ替わりやすい

　（「黄身」と「白身」に含まれる、「水分量」の変化によるものと考えられている）。

[Q33]　「たまご」の「三大特性」とは、何か。

[A33]　「たまご料理」や「たまごの加工品」は、「たまご」のもっている特性を利用して作られます。

「たまご」には、3つの大きな特性である「三大特性」があります。

---

① 凝固性（ぎょうこ）

「熱」を加えると、固まる特性。

「卵焼き」や「ゆでたまご」は、この性質を利用している。

② 起泡性（きほう）

混ぜると、「気泡」ができる特性。

特に、「卵白」を混ぜると、たくさん「泡」が出来て、クリームのようになる。

これは、「メレンゲ」や「ケーキ作り」などに利用されている。

③ 乳化性（にゅうか）

お互いに混ざり合わない「2つの液体」の一方を、他方に分散させることを「乳化」（にゅうか）と言う。完全に「乳化」したものを、専門用語で「エマルジョン」と呼ぶ。

これは、「マヨネーズ」や「アイスクリーム」を作るのに、なくてはならない特性。

「卵黄」は、この③の「乳化力」が大きく、「卵白」の「約4倍」あると言われています。

「乳化しやすい」ということは、混ざったときの物質の「粒子」が小さくなりやすい、ということです。

食品としてよく見られる「エマルジョン」としては、「マヨネーズ」「牛乳」「アイスクリーム」「マーガリン」「ドレッシング」などがあります。

Category ⑥ 「たまご」の「品質」「鮮度」

[Q34] 良い「たまご」は、どのように選べばよいか。

[A34] 以前は、「新しいたまご」は「カラ」がザラザラしていて、「古いたまご」はツルツルして艶がある、と言われていました。

しかし、現在市販されている大部分の「たまご」は、「洗卵」してから出荷されるので、この見分け方は、あまりあてにできなくなりました。

ただ、他の方法で、「カラ」の外側から、「新しいたまご」かどうかを判断することはできます。

「たまご」全体のキメが細かく、滑らかで光沢があり、白くて（「白玉」のとき）表面が汚れていないものを選べばいいのです。

中身については、割ったときに、「卵黄」がこんもりと盛り上がり、「濃厚卵白」がたっぷりあるものが、「新鮮なたまご」です。

「濃厚卵白」は、「厚み」があって「白濁」していること、また、割ったときに「カラ」から離れにくいのが、新鮮な証拠です。

（「新鮮なたまご」の「卵白」は、「炭酸ガス」（二酸化炭素）が含まれているため、少し"白く濁った"ように見えます）

[Q35]　「ハウユニット」とは、何のことか。

[A35]　「たまごの鮮度」を数値化したもので、アメリカの「レイモンド・ハウ氏」が考案した方法です。

「ハウユニット」は、「ハウ単位」とも言い、「HU」と略されます。

実際の測定には、平板上に「割卵」して、「濃厚卵白の高さ」を調べ、それを「たまごの大きさ」で調整した値を用います。

計測は、「コンパス」に似た、専用の測定機器を使います。

「ハウユニット値」は、「卵黄係数」と同様に、短期間の鮮度低下が「鋭敏」に数値化されます。

アメリカにおける「たまご」の品質評価では、

級	ハウ単位
最高級品位（AA級）	72以上
高級品位（A級）	60〜72未満
中級品位（B級）	31〜60未満
低級品位（C級）	31未満

となっています。

この「ハウユニット」は、日本の「鶏卵規格」には規定がありませんが、「鶏卵業界」では「品質指標値」の1つとして利用されています。

[Q36]　「カラ」を割らずに「鮮度」を見分けるには、どのような方法があるか。

[A36]　「たまご」を割らずに「鮮度」を見分けるには、[Q34]で紹介したもの以外に、「塩水に浸けてみる」といった方法があります。

「たまご」は古くなると、「カラ」(殻)にある「気孔」から、内部の水分が蒸発し、「気室」(たまごの丸い方にある空気が入っているところ)が大きくなって、「比重」が小さくなります。

「比重」が小さくなると「水」に浮きやすくなることから、「食塩水」による

判定ができるのです。

＊

　ここでは、3種類の濃度の「食塩水」を使った「判定方法」（「比重法」と呼ばれています）を紹介します。

　ただし、「たまご」は、「カラの厚さ」によって「比重」が異なるので、一応の目安として見てください。

① 濃度が11%の食塩水で沈むものは、新鮮。

② 濃度が11%の食塩水で浮き、10%の食塩水で沈むものは、やや古い。

③ 濃度が10%の食塩水で浮き、8%の食塩水で沈むものは、古い。

【＊注記】
　濃度「11%」は、「水89ml」に対し、「食塩11g」を溶かしたものです。
　濃度「10%」は、「水90ml」に対し、「食塩10g」を溶かしたものです。
　なお、「比重液」に「9%濃度」を用いないのは、この濃度でははっきり判定がつかない場合が多いからです。

【Q37】　「たまご」が古くなると、どうして「気室」が大きくなるのか。

[A37]　この「気室」が大きくなる理由（原因）は、「カラ」の表面にある「気孔」から、「水分」が蒸散するためです。

　産卵直後の「気室」は、「たまご」に「光」を当てて測定しても、ほとんど確認できません。

　少し時間が経つと、「約2mm」の「気室」が現われます。

　その後、「気室」は、時間の経過に従ってだんだん大きくなり、「気室」の大きさ（深さ）が「8mm」を超えると、「鮮度」がかなり低下していると考えられています（7月の室温で1ケ月くらい経過すると、その程度になる）。

183

Category⑦ 「たまご」の「価格」「流通」

[Q38] 「たまご」は、どうして安価なのか。

[A38] 「たまご」は、「物価の優等生」と言われるように、20年前と比較しても、ほとんど価格が上昇していません。

現在では、「鶏卵」の生産は、大規模な「ケージ飼い」や、自動化された「ウインドウレス鶏舎」での飼育によって、昔に比べて大変効率よく生産できます。

このため、「需要」と「供給」の関係から、安価に手に入れることができるのです。

逆に、近年は価格が「低迷」気味で、「鶏卵生産者」は、他の商品との競争に勝つために、「たまご」にいろいろな「付加価値」(「栄養素の強化」など)を付けたり、「ブランド卵」(特殊卵)を開発して、「普通のたまご」よりも販売価格を高く設定できるように考えています。

[Q39] 「たまごの相場」は、どこで決まるのか。

[A39] 「たまごの相場」は、どこで決まるのでしょうか。

「日本経済新聞」の朝刊に、「商品 相場欄」があります。

この欄に、「日曜」と「月曜」および「祝祭日の翌日」を除いた毎日、「鶏卵の相場」が掲載されています。

この「鶏卵 価格」(卵価)は、各地にある「鶏卵 荷受機関」(「鶏卵問屋」や「鶏卵 市場」)において、それぞれの市場の「需給 動向」を見て、発表されます。

この点は、「魚市場」や「青果物市場」などで見られる、「現物」(実際

の取引商品)を前にした「セリ」や、「相対取引」による相場形成とは、異なっています。

　このように発表された「相場価格」を基準に、「加工・小売業者」と「生産・集荷業者」の間で、取引が行なわれているのです。

＊

　代表的な「荷受機関」としては、(a)「日本経済新聞」の「商品取引欄」に記載されている「全農 (全国農業協同組合連合会) 系列の各荷受機関」(「東京」「横浜」「名古屋」「福岡」)と、(b)民間の「鶏卵 問屋」である「東洋キトクフーズ」「東京鶏卵」「神奈川鶏卵」「大阪鶏卵」などがあります。

　(a)を「系統」(農協系)、(b)を「商系」(商社系)と呼んでいます。

> 【＊注記】
> 鶏卵の相場についての詳細は、第2章の「経済学コーナー」を見てください。

[Q40]　「GPセンター」とは何か。

[A40]　「GPセンター」とは、「鶏卵 選別 包装施設」(Grading and Packing Center)のことです。

　「Grading」は「格付け」、「Packing」は「包装」を意味します。

　「GPセンター」の「鶏卵」の「選別ライン」では、「たまごの洗浄 (洗卵)」「乾燥」「検査 (検卵)」「重量選別」「パッキング (包装)」「ラベリング (ラベル貼付)」などが、専用のマシンによって行なわれます。

[Q41] 「パック詰めたまご」の向きは、どうやって揃えているのか。

[A41] 「スーパー」などで売っている「パック入りたまご」は、「たまご」の「鋭端」(尖ったほう)を「下」に、「鈍端」(「気室」のある丸いほう)を「上」にして入っています。

＊

その理由は、第1章の［生物学コーナー］で解説しているように、「カラ」にある「気孔」の密度が、「鋭端部」は「鈍端部」よりも低いためです。

つまり、「穴の数」が少ないため、「鋭端部」は硬いことになります。

輸送上などの「たまご」の割れを防ぐために、「鋭端部」を「下」に揃えているのです。

＊

では、「たまご」を「パック詰め」するときに、どのように向きを揃えているのでしょうか。

これは、「GPセンター」で「パック詰め」する直前に、「パック詰めのマシン」で揃えられるのです。

「たまご」は、「たまご型」をしているため、転がすと、円を描くように転がりますが、この性質を利用しています。

「GPセンター」で「たまご」の「向き」を揃えているところを、**写真A-1**「パック詰めの1工程」に示します。

写真A-1 パック詰めの1工程

[Q42] 「たまご」の「自動販売機」はあるのか。

[A42] 都市部では、あまり見掛けることはありませんが、地方では設置しているところは、たくさんあります。

特に、「養鶏場」の近くに多く設置されています。

「たまごの自動販売機」は、通常は「100円玉」を使うもので、コインを投入し、商品の入っている扉の横にあるボタンを押すと、ロックが外れて、中の「たまご」を取り出せるようになっています。

屋外に設置してあるものは、夏場には温度が上昇するため、小型のクーラーを併設したりして、品質を保持しています。

「たまご」の「自動販売機」の設置例を、写真A-2に示します。

写真A-2
「たまご」の「自動販売機」

[Q43] 「たまご券」というのは、本当にあるのか。

[A43] 「図書券」や「おこめ券」はよく知られていますが、実は、「たまご券」という「券」もあるのです。

正式には、「たまごギフト券」と言い、全国共通の「金券」です。

この「全国共通 たまごギフト券」は、「全国たまご商業協同組合」が販売しています。

[Q44]　「双子たまご」を見掛けなくなったのは、なぜか。

[A44]　現在のように、ほとんどの「たまご」が、「GPセンター」で、「洗卵」「選別」「パック詰め」が行なわれるようになる前は、「双子たまご」（二黄卵：「黄身」が「2つ」入っている「たまご」）を見掛ける機会は多かったのではないでしょうか。

　しかし、現在では、「双子たまご」のように、大きすぎて「規格外」（LLサイズを超えるもの）となる「たまご」は、流通面での弊害（たとえば、大きすぎてパックに入らないなど）があるため、通常は「液卵」などの加工用として使われます。

　しかし、「養鶏場」の「直売店」などでは、「双子たまご」を売っていることもあります。

Category
⑧
「その他」のＱ＆Ａ

[Q45]　「たまご」と「鶏」は、どちらが先に産まれたのか。

[A45]　どちらとも判定がつかないことの「たとえ」に使われるのが、「『たまご』が先か『鶏』が先か」という言葉ですね。

　「鶏」の祖先は、[Q24]に解説したように、赤色野鶏（せきしょくやけい）と言う「鳥」だと考えられています。

　この「鳥」の「足」をよく見ると、「ウロコ」の跡が観察できます。

　これは、「鳥類」が「爬虫類」から進化したことを、物語っています。

　と言うことは、「爬虫類」の産んだ「たまご」から、「鳥類」の祖先が生まれた、と考えるのが自然です。

　また、現在のように、さまざまな種類の「鶏種」に分かれたのは、“ある「たまご」から「新種の鶏」が産まれた”からであり、生物の進化から言うと、「鶏」と「たまご」では、やはり“「たまご」が先”と言うことになりそうです。

[Q46] 「アメリカ」での「鶏卵規格」は、どのようなものか。

[A46] 「日本」では、「Mサイズ」や「Lサイズ」などの、「1個の『たまご』の重さ」で区分した、農林水産省の「鶏卵規格」があります。

「アメリカ」でも同様に、「1個の『たまご』の重さ」で、「サイズ」が区分されています。

「日本」では「10個入りのパック」が普通ですが、「アメリカ」では「1ダース（12個）入りのパック」が普通で、「12個」の合計の「最低正味重量」が規定されています。

「アメリカ」の「サイズ別 重量区分」を、表A-2に示します。

表A-2 「アメリカ」の「サイズ別 重量区分」

区分	読み	1ダース（12個）の最低正味重量	1個当たりの重量（グラム）
Jumbo	ジャンボ	30	70.87
Extra Large	エキストラ・ラージ	27	63.79
Large	ラージ	24	56.70
Medium	ミディアム	21	49.61
Small	スモール	18	42.52
Peewee	ピーウィー	15	35.44

重量の単位は、「1ダース」当たりの「オンス」が用いられています。

表A-2では、分かりやすくするために、「1個」当たりの「グラム」に換算したものも併記しています（1オンス＝28.3495g）。

[Q47]　「ゆでたまご」の「カラ」を剥く機械はあるのか。

[A47]　「スーパー」などの「おでん材料」売り場などで、「カラ」(殻)を剥いた、水煮タイプの「袋入りゆでたまご」が売られています。

　加工食品として売られていますが、これらの大量の「ゆでたまご」は、人手で「カラ」を剥いているのでしょうか。

＊

　じつは、「ゆでたまご」の「カラ」を剥く機械があるのです。

　大規模な食品加工場では、「ゆでたまご製造ライン」があり、1時間に「8,000個」もの「ゆでたまご」の「カラ」を剥く、「カラ剥き機」を使っています。

　水中で「たまご」を揺すり、「カラ」の表面に「細かなヒビ」を入れた後、専用マシンの「ゴムローラ」などを利用して、剥いています (**写真A-3**参照)。

写真A-3「ゆでたまご」の「カラ剥き機」

[Q48]　「インフルエンザ・ワクチン」は「たまご」を利用して作っている、というのは本当か。

[A48]　毎年、冬季になると流行する病気に、「インフルエンザ」があります。

「インフルエンザ」は、「風邪(かぜ)」とは異なり、急に「38〜40℃」の高熱が出るのが特徴です。

この「インフルエンザ」は、「インフルエンザ・ウイルス」が原因となって発症する疾病で、合併症も多くあります。

特に、「高齢者」や「慢性肺疾患」の方などの「ハイリスク群」と呼ばれる人は、注意が必要です。

＊

「インフルエンザ」の予防法の1つに、「インフルエンザ・ワクチン」の接種があり、この「人」用の「インフルエンザ・ワクチン」の製造には、「たまご」(有精卵)が使われているのです。

> 【＊注記】
> 　「有精卵」を用いて製造される「インフルエンザ・ワクチン」の詳細については、下記のたまご博物館の「鶏卵とインフルエンザ・ワクチン」ページをご覧ください。
> http://takakis.la.coocan.jp/wakuchin.htm

[Q49]　「鶏卵 抗体」とは何か。

[A49]　「人」をはじめとする動物は、外部から体内に侵入してくる「細菌」や「ウイルス」などの外敵から身を守るため、「免疫」という「生体 防御機構」を備えています。

その「防御機構」の1つとして、体内に侵入してきた「ウイルス」などの外敵を「抗原」と見なし、「抗体」と呼ばれる「タンパク質」を「血液」中や「粘膜」上に生産するシステムをもっています。

このようにして作られた「抗体」は、外敵である「抗原」を攻撃して、「無毒化」や「不活化」し、体外に「排除」するといった、人間(動物)の生命

維持にとって、とても重要な働きをしています。

「鶏卵 抗体」とは、「鶏卵」の「卵黄」中に含まれる「抗体」を指します。

「鶏卵 抗体」は、「卵黄 抗体」とも呼ばれ、「IgY」(Immunoglobulin yolk：イムノグロブリン・ヨーク)という記号が使われています。

＊

「鶏卵 抗体」を作るには、作りたい「抗体」に対応する特定の「抗原」を、「鶏」に接種します。

すると、「鶏の体内」で「抗体」が作られ、それが「卵黄」に移行して、「たまご」として採取できるのです。

これまで、「抗体」は、「ウサギ」「ウシ」「ブタ」「ヒツジ」などの動物に「抗原」を接種して、その「血液」や「乳」から採取していました。

それと比べて、「鶏」の場合は、「抗体」を「たまご」として取得できるので、「動物育成の費用・期間」「採血費用」などが不要となり、「低価格」での「抗体作成」が実現できるのです。

また、「鶏」は、「大量飼育」が容易であることや、「ワクチネーション法」が確立していることなども、他の動物に比べて優位な点です。

このようなことからも、「鶏卵 抗体」に対する期待が広まっています。

このように、ある特定の「抗原」を人工的に与える(接種)ことによって、その「抗原」に対する「防御能力」をもつ「抗体」を作ることができ、これを「特異的 抗体」と呼んでいます。

「卵黄」からの「抗体成分」の精製は、比較的容易であり、こうして作られた「特異的 抗体」は、「研究」や「臨床検査」の分野において、「検査試薬」あるいは「医薬品」として、広く利用されてきています。

今後も、さらに研究が加速していくでしょう。

「抗体」と「たまご」、一見何も関係のないように思えるものが、じつはと

ても深くつながっているのです。

> 【＊注記】
> 　「鶏卵 抗体」については、「たまご研究所」の第1研究室のページで、詳しく解説しています。
> 　http://takakis.la.coocan.jp/kenkyujyo.htm#ken01

[Q50]　「たまごのお墓」がある、というのは本当か。

　[A50]　「たまごのお墓」は、東京の市場として有名な「築地市場」の近くにあり、「玉子塚」と呼ばれています。

　この塚は、「築地市場」のすぐ側にある「波除神社」の境内に建立されています。

　「波除神社」は、「漁師」や「築地」にある「寿司屋の板前」や「調理人」の方などが、よくお詣りする場所になっています。

　この神社には、この他にも、「寿司のネタ」に使われる「魚」などの塚――「活魚塚」「海老塚」「鮟鱇塚」や、「すし塚」があります。

写真A-4 「築地市場」の「玉子塚」

ここでは、一般に売られている「たまご」の中から、"ユニークな「ブランド名」" (商品名)が付けられているものを、50種類ご紹介します。

50音順に、「ブランド名」と「生産者」、または、「販売者」を掲載しています。

「たまご」の「ブランド名」にも、いろいろあるものだと思いませんか。

	ブランド名	読み方	生産者・企業名	所在地
あ	赤の元気玉	あかのげんきだま	(株)フレッズ	広島県広島市
	朝イチたまご	あさいちたまご	ホクレン	北海道札幌市
	安全でおいしい有精卵	あんぜんでおいしい ゆうせいらん	エッグファーム 高木農場	山梨県北巨摩郡
	うぶ	うぶ	内外鶏卵センター	山口県柳井市
	旨味賛卵	うまみさんらん	イセ食品(株)	埼玉県鴻巣市
	オハヨー生きてるタマゴデース	おはよーいきてるたまごでーす	(株)ホクリョウ	北海道札幌市
	オリーブ美人	おりーぶびじん	丸ト鶏卵(株)	愛知県豊橋市
か	かっぱの健卵	かっぱのけんらん	(有)大熊養鶏場	北海道上川郡
	ガンコおやじの地たまご	がんこおやじのじたまご	川嶋農場	千葉県市原市
	キチン卵	きちんたまご	(株)太田ファーム	北海道江別市
	キミが一番	きみがいちばん	(株)ノーサンエッグ	横浜市中区
	きみに愛	きみにあい	日清飼料(株)	東京都中央区
	黄身卵専科	きみらんせんか	ホクレン	北海道札幌市
	QCたまご	きゅーしーたまご	全農 中央鶏卵センター	東京都新宿区
	K太君	けいたくん	丸紅エッグ(株)	東京都中央区
	元気くん	げんきくん	(農)タカムラ鶏園	新潟県村上市
	元気もりもり	げんきもりもり	(株)ジェイ・コーポレーション	茨城県新治郡
	健康ボール	けんこうぼーる	石本農場	広島県山県郡
	豪華健卵	ごうかけんらん	昭和産業(株)	東京都千代田区
	こりゃケッコー	こりゃけっこー	愛媛飼料産業(株)	愛媛県松山市
	コロンブスの卵	ころんぶすのたまご	イセ食品(株)	埼玉県鴻巣市
さ	さくら美人	さくらびじん	六日市ファーム	島根県鹿足郡
	招福たまご	しょうふくたまご	愛鶏園	埼玉県深谷市
	しんたまご	しんたまご	全農 中央鶏卵センター	東京都新宿区
	身土不二	しんどふじ	東北牧場 東京支店	東京都新宿区
	セーフティたまご	せーふていたまご	中部飼料(株)	愛知県名古屋市
た	たべてご卵	たべてごらん	グリーンプラザ 角田農場	宮城県角田市
	卵 茶々茶	たまご ちゃちゃちゃ	マルイ農協	鹿児島県出水市
	卵手箱	たまてばこ	横浜鶏卵(株)	神奈川県横浜市
	たまご畑	たまごばたけ	丸紅エッグ(株)	東京都中央区
	つんんでご卵	つんんでごらん	(有)緑の農園	福岡県糸島市
	ディズニーまいにちたまご	でぃずにーまいにちたまご	イセ食品(株)	埼玉県鴻巣市
	ドキッと新鮮 こだわりたまご	どきっとしんせん こだわりたまご	イセデリカ(株)	茨城県竜ヶ崎市
	どさんこ卵ど	どさんこらんど	ホクレン	北海道札幌市
な	ニュー げんまん	にゅー げんまん	(株)アキタフーズ	広島県福山市

は	ハーブのささやき	はーぶのささやき	ゴールドエッグ（株）	大阪市吹田市
	ひろしまる	ひろしまる	JA広島市	広島県広島市
	ぷるぷるももたまご	ぷるぷるももたまご	丸ト鶏卵販売（株）	愛知県新城市
	星降る高原の玉子	ほしふるこうげんのたまご	（株）アキタフーズ	広島県福山市
ま	またたび鶏卵	またたびけいらん	安田養鶏場	広島県双三郡
	ママのこだわり卵	ままのこだわりたまご	京都嵯峨鶏卵	京都府京都市
	満月卵	まんげつらん	中部飼料（株）	愛知県名古屋市
	万田酵素卵	まんだこうそらん	JA全農ひろしま	広島県広島市
	まんてん宝夢卵	まんてんほうむらん	（株）のだ初	岡山県倉敷市
	夢想丸	むそうまる	大北養鶏場	大阪府岸和田市
や	野菜たまご	やさいたまご	（株）ホクリョウ	北海道札幌市
	優脳卵	ゆうのうらん	ホクレン	北海道札幌市
	夢印たまご	ゆめじるしたまご	夢印たまご村	宮崎県宮崎市
わ	わが家のたまご	わがやのたまご	全農 中央鶏卵センター	東京都新宿区

＊

　最後に、これまで私が購入した「ブランドたまご」の中で、いちばん長いネーミングの「たまご」を紹介します。

ブランド名	たまご屋さんの心意気 小さな事しかできないが 温暖化は地球規模 できることからはじめたい
生産者	（株）マルサン 向原GPセンター（広島県安芸高田市）
販売者	伊藤忠飼料（株）（東京都江東区）

附録C おすすめたまご＜ベスト30＞

ここでは、私がこれまでに「1500種類」以上の「たまご」を食べた中で、"お勧めの「たまご」"をご紹介します。

ぜひ、ご賞味を（50音順に掲載）。

	ブランド名	生産者・販売者	所在地
	SAGAMIKKO(さがみっこ)	(有)井上養鶏場	神奈川県相模原市
あ	赤の元気玉	(株)フレッズ	広島県広島市
	伊勢の卵	イセ食品(株)	埼玉県鴻巣市
	うちのたまご	JR九州たまごファーム(株)	福岡県飯塚市
	栄養バランスたまご	丸紅エッグ(株)	東京都中央区
か	キチン卵	(株)太田ファーム	北海道江別市
	究極のたまごかけごはん専用たまご	(株)小林ゴールドエッグ	徳島県徳島市
	玄米卵	笹村養鶏場	神奈川県小田原市
	げんまんE	(株)アキタフーズ	広島県福山市
	ごんのたまご	内藤養鶏	愛知県半田市
	寿雀	三橋農場	神奈川県伊勢原市
さ	招福たまご	愛鶏園	埼玉県深谷市
	しんたまご	JA全農たまご	東京都新宿区
	身土不二	東北牧場	青森県上北郡
た	地養卵	丸ト鶏卵販売(株)	愛知県新城市
	つまんでご卵	(有)緑の農園	福岡県糸島市
	土佐ジロー卵	shima farm	高知県南国市
な	ニュー げんまん	(株)アキタフーズ	広島県福山市
	庭先たまご	(株)岡崎鶏卵	宮崎県都城市
は	ビタミン卵	(株)マルサン	広島県広島市
	ひろしまる	JA広島市	広島県広島市
ま	万田酵素卵	JA全農ひろしま	広島県広島市
	まんてん宝夢卵	(株)のだ初	岡山県倉敷市
	夢想丸	大北養鶏場	大阪府岸和田市
	めざましたまご	(株)アキタフーズ	広島県福山市
	森のたまご	イセ食品(株)	埼玉県鴻巣市
や	夢そだち	(株)藤橋商店	兵庫県たつの市
	葉酸たまご	(株)ナカデケイラン	京都府東山区
	ヨード卵 光	日本農産工業(株)	神奈川県横浜市
	横路鶏園のたまご	(有)横路鶏園	広島県庄原市

196

参考文献

・

取材先一覧

参考文献（50音順）

文献名	著者	発行所
AMUSE「うまいたまごを探す」	―	毎日新聞社
からだとアレルギーのしくみ	上野川 修一	日本実業出版社
乾燥食品の基礎と応用	亀和田 光男・他	幸書房
鶏鳴新聞	―	鶏鳴新聞社
鶏卵肉情報	―	(株)鶏卵肉情報センター
鶏卵の知識と品質管理	―	ホクレン酪農畜産事業本部
鶏卵の品質	山上 善久	(株)鶏卵肉情報センター
国産銘柄鶏ガイドブック	―	(株)全国食鳥新聞社
自然卵養鶏法	中島 正	農文協
食品加工学	倉本 忠男・他	朝倉書店
食品成分表 2013	―	女子栄養大学 出版部
卵「その化学と加工技術」	浅野 悠輔・他	光琳
卵の科学	中村 良	朝倉書店
タマゴの知識	今井 忠平・他	幸書房
タマゴ屋さんが書いたタマゴの本	井土 貴司	三水社
畜産入門	渡邊 昭三	実教出版
調理師教本	―	(社)日本調理師会
肉の科学	沖谷 明紘	朝倉書店
日本農業新聞	―	(株)日本農業新聞
鶏の研究	―	木香書房
繁栄する養鶏	後藤孵卵場	後藤孵卵場 出版部
ビタミンのはなし	吉田 勉・他	技報堂出版
ポケット 畜産統計	―	農林水産省 統計情報部
養鶏の友	―	(株)日本畜産振興会
老年期痴呆は卵黄のコリンで防げるか	池田 久男	講談社

参考リーフレット（50音順）

冊子名	発行社	備考
健康読本「卵のコリンの効用」	(株)ナカタパブリシティ	久郷 晴彦 著
知っておきたいタマゴの「賞味期限表示」	全国鶏卵消費促進協議会	
絶対品質主義	ホクレン	
卵「おいしく・かしこく食べる」	(社)日本養鶏協会	
タマゴと一緒に「ヘルシーナウ」	(社)日本養鶏協会	
卵2個の不思議	(社)日本養鶏協会	
たまごのおはなし	(社)日本養鶏協会	
卵の神秘	ホクリョウ	
もっと知りたいタマゴで安心	全国鶏卵消費促進協議会	
レシチン Q&A	(株)ヘルス研究所	山口 武津雄 著
わが家のタマゴ衛生管理法	(社)日本養鶏協会	
PLESS LIT（プレス リッツ）	豊橋飼料（株）	愛知県豊橋市

取材先（50音順）

取材先名称	所在地	区分
INOUE EGG FARM	神奈川県相模原市	養鶏場（平飼い）/ 鶏卵販売
（株）愛鶏園	神奈川県横浜市	養鶏、鶏卵販売
（株）アキタフーズ	広島県福山市	養鶏、鶏卵販売
安達養鶏場	神奈川県伊勢原市	養鶏場（ケージ飼い）
アミューズ（株）	宮崎県日向市	孵化場、養鶏場（ケージ飼い）
イセ食品（株）	東京都中央区	養鶏、鶏卵 / 鶏肉販売
イセデリカ（株）竜ヶ崎工場	茨城県竜ヶ崎市	鶏卵加工品 製造 / 販売
イセファーム（株）那須孵化場	栃木県那須郡	孵化場
イフジ産業（株）	福岡県糟屋郡	液卵製造 / 販売
（株）一冷	東京都新宿区	鶏肉加工 / 販売
井上養鶏場	神奈川県相模原市	養鶏場（平飼い）/ 鶏卵販売
卜部産業（株）	広島県福山市	かきがら飼料製造 / 販売
太田ファーム	北海道江別市	養鶏場（ケージ飼い）
岡崎牧場	愛知県岡崎市	家畜改良センター
川崎鶏卵（株）	神奈川県川崎市	鶏卵販売
（株）木香書房	東京都千代田区	養鶏関連書籍「鶏の研究」発行
共和機械（株）	岡山県津山市	GPマシン製造 / 販売 (kyowa)
キューピー（株）	東京都渋谷区	マヨネーズ製造 / 販売
鶏鳴新聞社	東京都中央区	養鶏業界新聞社
（株）鶏卵肉情報センター	愛知県名古屋市	鶏卵関連書籍「鶏卵肉情報」発行
京都女子大学	京都市東山区	鶏卵栄養研究
（株）ゲン・コーポレーション	岐阜県岐阜市	種鶏 / 種卵販売
ゴールドエッグ（株）	大阪府吹田市	養鶏、鶏卵販売
国際養鶏・養豚総合展（IPPS）	（なごやポートメッセにて開催）	養鶏・養豚関連総合展示会
コッコファーム	熊本県菊池市	養鶏場（ケージ飼い・放し飼い）
（株）後藤孵卵場	岐阜県岐阜市	孵化場（さくらたまご）
（株）三共技研	千葉県八千代市	鶏卵関連機器製造 / 販売
杉山養鶏場	静岡県御殿場市	養鶏場（ケージ飼い）
JA全農ひろしま	広島県広島市	鶏卵販売
JA全農たまご（株）	東京都新宿区	鶏卵加工品 製造 / 販売
JA全農たまご（株）八千代液卵センター	千葉県八千代市	液卵製造
JA全農 千葉鶏卵販売所	千葉県八千代市	GPセンター、鶏卵販売
JA全農 中央鶏卵センター	東京都新宿区	養鶏、鶏卵販売
JA全農 本所 畜産販売部鶏卵課	東京都千代田区	養鶏、鶏卵販売
全国たまご商業協同組合	東京都中央区	たまごギフト券販売
ダイヤフーズ（株）	大阪府池田市	たまごパック製造
太陽化学（株）	三重県四日市市	素材研究 / 鶏卵加工
たきい旅館	神奈川県足柄下郡	箱根大平台温泉（温泉たまご販売）
デイサービスセンター ふれんど	広島県広島市	高齢者介護施設
豊橋うずら農協	愛知県豊橋市	養鶏、うずら卵加工 / 販売
豊橋飼料（株）	愛知県豊橋市	飼料会社
（社）東京都卵業協会	東京都中央区	卵業協会
東北牧場	青森県上北郡	養鶏（放し飼い）、鶏卵販売

東洋エフ・シー・シー (株)	東京都板橋区	たまご日付印字機販売
東洋キトクフーズ (株)	東京都台東区	鶏卵問屋
(株)ナベル	京都府京都市	GPマシン製造 / 販売
日本鶏資源開発プロジェクト研究センター	広島県東広島市	広島大学 / 研究施設
日本鶏卵生産者協会	東京都中央区	鶏卵生産者の協会
日本たまごかけごはんシンポジウム	(島根県雲南市にて開催)	たまごかけごはんイベント
日本農業新聞	東京都台東区	業界新聞社
日本農産工業 (株)	神奈川県横浜市	飼料会社、鶏卵販売 (ヨード卵)
(株)日本畜産振興会	東京都渋谷区	養鶏関連書籍「養鶏の友」出版
日本モウルド工業 (株)	愛知県安城市	たまごパック製造
日本養鶏協会	東京都中央区	養鶏業者の協会
日本卵業協会	東京都中央区	養鶏 / 鶏卵関連業者の協会
(社)農文協	東京都港区	農山漁村文化協会
ノーサンエッグ (株)	神奈川県横浜市	鶏卵 / 鶏卵加工品販売
(株)のだ初	岡山県倉敷市	養鶏、鶏卵 / 鶏卵加工品販売
広島大学	広島県東広島市	大学 / 大学院 / 研究施設
FOODEX JAPAN	(幕張メッセにて開催)	食品関連 総合展示会
フュージョン (株)	宮崎県都城市	養鶏、鶏卵販売
(株)フレッズ	広島県広島市	養鶏、鶏卵 / 鶏肉加工品販売
(株)ホクリョウ	北海道札幌市	養鶏、鶏卵販売
ホクレン 鶏卵課	北海道札幌市	養鶏、鶏卵販売 (JA北海道)
丸ト鶏卵	愛知県新城市	養鶏、鶏卵販売
丸紅エッグ	東京都中央区	養鶏、鶏卵販売
三井物産 (株)	東京都千代田区	商社、鶏卵トレーディング
箕輪養鶏場	神奈川県横浜市	養鶏場 (ケージ飼い)
(株)吉田ふるさと村	島根県雲南市	たまごかけごはん専用醤油「おたまはん」製造 / 販売
和鶏館	茨城県つくば市	鶏の展示館 (日本農産工業)

おわりに

　私は、平成10年（1998年）1月に、インターネット上のホームページ—「たまご博物館」を作り、公開しました。

　「たまご」を題材に選んだのは、私自身「たまご」を食べるのが好きなのですが、身近な食材であるにもかかわらず、意外と知らないことが多いことに気付いたからです。

＊

　ホームページ作成当時は、NTTデータに勤務しており、転勤で札幌に住んでいました。

　そのときに、道内を旅行中に、「比布」（ピップ）という町で「かっぱの健卵」という名前のついた「たまご」を見つけました。

　「ヨード卵 光」は、「たまご」のブランド名として有名ですが、このようにユニークな名前の付いたものが何種類くらいあるのかを調べようと思いつきました。

　その後、旅行先や出張先などでは、デパ地下やスーパーの「たまご売場」に立ち寄って、新しい「ブランド卵」がないかを探すようになりました。

　「豪華健卵」、「きみに愛」などユニークな名前が数多くあり、その一部を本書に「たまごの面白ネーミング ベスト50」として一覧にしてみました。

＊

　私は、人があまりやっていないようなことをやるのが好きで、ホームページを開設した1998年当時、「たまご」に関するホームページがあまりなかったことも、ホームページ版「たまご博物館」作成のきっかけとなりました。

　その後、このホームページ「たまご博物館」は、「インターネット関連雑誌」や「テレビ」「ラジオ」「新聞」、そして、養鶏関係の業界紙である「鶏鳴新聞」にも取り上げられるようになりました。

　2001年には、芳賀書店から、「たまご博物館」を出版しました。それから12年目となった今回、新たに本書「たまご大事典」を発行することになりました。

＊

　「たまご」に関する本は、料理本以外には非常に少なく、「鶏卵業界」の方々からも応援をいただき、執筆できました。

　本書は、「たまご」に関する基礎知識はもちろん、「養鶏」や「鶏卵加工」などについて、一般の方にも楽しく読んでいただけるように執筆しました。

　また、「養鶏」や「鶏卵業界」の方の専門知識の習得にも役立つ内容になったと思います。

＊

　本書は、ホームページ「たまご博物館」と連動してご覧いただけるように、随所にURL（ホームページのアドレス）を掲載しています。

　インターネットへのアクセスによって、この本で紹介できなかった「各種の統計データ」や「養鶏で用いられる専門用語」「鳥インフルエンザの詳細」などについても、知ることができます。

　ぜひ、インターネットを使ってホームページ「たまご博物館」へご来館ください。

　ホームページのアドレス（URL）は、次の通りです。

http://takakis.la.coocan.jp/

　今後も、ホームページ「たまご博物館」では、「たまご」や「養鶏」に関する最新情報を掲載していきます。

　どうぞご期待ください。

高木　伸一

索引

索 引

■著者略歴

高木　伸一（たかき・しんいち）

1958 年	広島県生まれ
1998 年	1 月に個人のホームページ「たまご博物館」を開設し、鶏卵に関する情報をさまざまな角度から紹介
2007 年 3 月まで	（株）NTT データにて、銀行オンラインシステムの開発およびプロジェクト管理を担当
2008 年 4 月以降	小型船舶 学科教員免許を取得、船舶教習所にて教習教員を担当
2008 年 8 月以降	（株）高原企画を友人と設立、常務取締役 副社長に就任（2008.07.27 設立）
2010 年	高原企画 社長の病気療養のため、同社を解散し退職
	CSK 中国海技学院にて小型船舶教習教員を担当
2011 年 4 月以降	専門学校にて「Android コース」受講のため通学（2011.04.01 ～ 09.30）
	上記の専門学校を卒業（2011.09.30）：設計開発した Android アプリ「測地系変換」の販売を開始
	広島海技学院（旧 中国海技学院）にて小型船舶教習教員［嘱託］を担当
2011 年 10 月以降	介護員資格を取得、福祉関連業務に就き、デイサービスセンターのセンター長に就任
	また、広島海技学院にて小型船舶教習教員［嘱託］を担当
2020 年 5 月以降	高層ビルの設備管理業務を担当

【ホームページ「たまご博物館」】
　その充実した内容から、鶏卵業界、養鶏業界にも認められ、
2000 年 5 月には、業界新聞である「鶏鳴新聞」にも掲載される。
ＴＶや雑誌などでも多数紹介されている。

【主な著書】
「たまご大事典」（2013.7.15, 工学社）
「たまご博物館」（2001, 芳賀書店）

質問に関して

本書の内容に関するご質問は、
①返信用の切手を同封した手紙
②往復はがき
③FAX (03) 5269-6031
　（返信先のFAX番号を明記してください）
④E-mail　editors@kohgakusha.co.jp
のいずれかで、工学社編集部あてにお願いします。
なお、電話によるお問い合わせはご遠慮ください。

●サポートページは下記にあります。
【工学社サイト】http://www.kohgakusha.co.jp/

I/O BOOKS

たまご大事典 [三訂版]

2023 年 4 月 30 日　初版発行　ⓒ 2023	

著　者	高木　伸一
編　集	I/O 編集部
発行人	星　正明
発行所	株式会社**工学社**
	〒 160-0004
	東京都新宿区四谷 4-28-20 2F
電話	(03)5269-2041(代) [営業]
	(03)5269-6041(代) [編集]
振替口座	00150-6-22510

※定価はカバーに表示してあります。

[印刷] (株)エーヴィスシステムズ

ISBN978-4-7775-2250-7